拾月 主编

学讲堂书系·人生大学知识讲堂

慧与人生

聪明人生的方向

主　编：拾　月
副主编：王洪锋　卢丽艳
编　委：张　帅　车坤　丁　辉
　　　　李　丹　贾宇墨

吉林出版集团股份有限公司
全国百佳图书出版单位

图书在版编目（CIP）数据

智慧与人生：聪明人生的方向 / 拾月主编. -- 长春：吉林出版集团股份有限公司, 2016.2（2022.4重印）
（人生大学讲堂书系）
ISBN 978-7-5581-0746-7

Ⅰ.①智… Ⅱ.①拾… Ⅲ.①人生哲学－青少年读物 Ⅳ.①B821-49

中国版本图书馆CIP数据核字（2016）第041317号

ZHIHUI YU RENSHENG CONGMING RENSHENG DE FANGXIANG

智慧与人生——聪明人生的方向

主　　编　拾　月
副 主 编　王洪锋　卢丽艳
责任编辑　杨亚仙
装帧设计　刘美丽

出　　版　吉林出版集团股份有限公司
发　　行　吉林出版集团社科图书有限公司
地　　址　吉林省长春市南关区福祉大路5788号　邮编：130118
印　　刷　鸿鹄（唐山）印务有限公司
电　　话　0431-81629712（总编办）　0431-81629729（营销中心）
抖 音 号　吉林出版集团社科图书有限公司　37009026326

开　　本　710 mm×1000 mm　1 / 16
印　　张　12
字　　数　200千字
版　　次　2016年3月第1版
印　　次　2022年4月第2次印刷

书　　号　ISBN 978-7-5581-0746-7
定　　价　36.00元

如有印装质量问题，请与市场营销中心联系调换。0431-81629729

"人生大学讲堂书系" 总前言

　　昙花一现，把耀眼的美只定格在了一瞬间，无数的努力、无数的付出只为这一个宁静的夜晚；蚕蛹在无数个黑夜中默默地等待，只为了有朝一日破茧成蝶，完成生命的飞跃。人生也一样，短暂却也耀眼。

　　每一个生命的诞生，都如摊开一张崭新的图画。岁月的年轮在四季的脚步中增长，生命在一呼一吸间得到升华。随着时间的推移，我们渐渐成长，对人生有了更深刻的认识：人的一生原来一直都在不停地学习。学习说话、学习走路、学习知识、学习为人处世……"活到老，学到老"远不是说说那么简单。

　　有梦就去追，永远不会觉得累。——假若你是一棵小草，即使没有花儿的艳丽，大树的强壮，但是你却可以为大地穿上美丽的外衣。假若你是一条无名的小溪，即使没有大海的浩瀚，大江的奔腾，但是你可以汇成浩浩荡荡的江河。人生也是如此，即使你是一个不出众的人，但只要你不断学习，坚持不懈，就一定会有流光溢彩之日。邓小平曾经说过："我没有上过大学，但我一向认为，从我出生那天起，就在上着人生这所大学。它没有毕业的一天，直到去见上帝。"

　　人生在世，需要目标、追求与奋斗；需要尝尽苦辣酸甜；需要在失败后汲取经验。俗话说，"不经历风雨，怎能见彩虹"，人生注定要九转曲折，没有谁的一生是一帆风顺的。生命中每一个挫折的降临，都是命运驱使你重新开始的机会，让你有朝一日苦尽甘来。每个人都曾遭受过打击与嘲讽，但人生都会有收获时节，你最终还是会奏响生命的乐章，唱出自己最美妙的歌！

正所谓，"失败是成功之母"。在漫长的成长路途中，我们都会经历无数次磨炼。但是，我们不能气馁，不能向失败认输。那样的话，就等于抛弃了自己。我们应该一往无前，怀着必胜的信念，迎接成功那一刻的辉煌……

感悟人生，我们应该懂得面对，这样人生才不会失去勇气……

感悟人生，我们应该知道乐观，这样生活才不会失去希望……

感悟人生，我们应该学会智慧，这样在社会上才不会迷失……

本套"人生大学讲堂书系"分别从"人生大学活法讲堂""人生大学名人讲堂""人生大学榜样讲堂""人生大学知识讲堂"四个方面，以人生的真知灼见去诠释人生大学这个主题的寓意和内涵，让每个人都能够读完"人生的大学"，成为一名"人生大学"的优等生，使每个人都能够创造出生命中的辉煌，让人生之花耀眼绚丽地绽放！

作为新时代的青年人，终究要登上人生大学的顶峰，打造自己的一片蓝天，像雄鹰一样展翅翱翔！

"人生大学知识讲堂"丛书前言

易中天曾经说过："经典是人类文化的精华，先秦诸子，是中国文化遗产中经典中的经典，精华中的精华。这是影响中华民族几千年的文化经典。没有它，我们的文化会黯然失色；这又是我们中华民族思想的基石，没有它，我们的思想会索然无味。几千年来，先秦诸子以其恒久的生命力存活于人间，影响和激励了一代又一代人。"

人创造了文化，文化也在塑造着人。

社会发展和人的发展过程是相互结合、相互促进的。随着人全面的发展，社会物质文化财富就会被创造得越多，人民的生活就越能得到改善。反过来，物质文化条件越充分，就又越能推进人的全面发展。社会生产力和经济文化的发展是逐步提高、永无休止的历史过程，人的全面发展也是逐步提高、永无休止的过程。

青少年成长的过程本质上是培养完善人格、健全心智的过程。人的生命在教育中不断成长，人通过接受教育而成为人。夸美纽斯说："有人说，学校是人性的工场。这是明智的说法。因为毫无疑问，通过学校的作用，人真正地成为人。"不可否认，世界性的经典文化是千百年来流传下来的文化遗产与精神财富，塑造了人们的文化精神及思想品格,教育中社会性的人际生命与超越性的精神生命都是文化传统赋予的。经典的文化知识是塑造人生命的基本力量,利用传统文化经典对大学生进行生命教育不仅必要而且可能。

经典知识尤其是思想类经典,具有博大的生命意蕴,可以丰富人的精神生命。儒家经典主要有"四书五经",讲求正心、诚意、格物、致知、修身、齐家、治国、平天下,从成己而成人,着重建构人的社会性生命。道家经典以《道德经》《庄子》为代表,以得道成仙、自然无为为旨归,侧重人的精神生命。佛教禅宗经典以《坛经》为代表,以明心见性、顿悟成佛为核要,直指人的灵性存在,侧重生命的超越性。

传统文化经典蕴含丰富的生命智慧,有利于提升人格,涵养心灵。中国传统文化蕴含丰富的人生智慧,例如道家的重生养生、少私寡欲;儒家的自强不息、厚德载物;佛家的智悲双运、自利利他等思想,对于引导青少年确立生命的价值与信念,保持良好心境,处理人际关系,提升青少年的修养,不无裨益。

为了更好地帮助青少年在人生成长过程中得到经典知识文化的滋养,使世界先进的文化知识在青少年群体中形成良好传播,我们特别编撰了"人生大学知识讲堂"系列丛书,此套丛书包含了"文化与人生""哲学与人生""智慧与人生""美学与人生""伦理与人生""国学与人生""心理与人生""科学与人生""人生箴言""人生金律"10个方面,丛书以独到的视角,将世界文化知识的精髓融入趣味故事中,以期为青少年的身心灌注时代成长的最强能量。人们需要知识,如同人类生存中需要新鲜的空气和清澈的甘泉。我们相信知识的力量与美丽。相信在读完此书后,你会有所收获。

第 5 章　不做工作的奴隶——职场的智慧

第 6 章　充满思想的劳动——学习的智慧

第1章

运筹帷幄，统揽全局——治国的智慧

在中国的历史上，经历了数千年的演变，曾出现过数十个朝代，这些朝代或是更迭交替，或是同时并存，每个朝代，都有一套非常系统的治国治民的方法。这就是所谓的治国谋略。

第一节　以德服人，天下归顺

子曰："道之以政，齐之以刑，民免而无耻。道之以德，齐之以礼，有耻且格。"大意是用政令来训导，用刑法来整治，老百姓知道避免犯罪，但并没有自觉的廉耻之心。用道德来引导，用礼教来整治，老百姓就会有自觉的廉耻之心，并且心悦诚服。

道德教化的作用

孔子与卫文子曾有这样一段对话。

孔子说："用礼教来统治老百姓，就好比用缰绳来驾驭马，驾马者只需要握住缰绳，马就知道按驾马者的意思奔跑。用刑法来统治老百姓，就好比不用缰绳而用鞭子来驱赶马，那马很容易失去控制，甚至会把驾马者摔下来。"

卫文子问道："既然如此，不如左手握住缰绳，右手用鞭子来驱赶，马不是跑得更快吗？不然，只用缰绳，马怎么会怕你呢？"

孔子还是坚持说："只要善于使用缰绳，驾驭的技术到家，就没有必要用鞭子来驱赶。"

这里的对话实际上说的是儒家与法家的区别：儒家主张德治，以道德和礼教约束民众；法家主张法治，以政令、刑法驱遣民众。德

智慧与人生——聪明人生的方向

治侧重于心，法治侧重于身。而卫文子的看法则是德治、法治兼用，儒、法并行。

孔子针对当时法家的"法治"路线，提出了"为政以德"、"道之以德，齐之以礼"的"礼治"路线，强调道德教化的作用。

他认为"道之以政，齐之以刑，民免而无耻"，行政命令、刑法这些强制性的手段只能起一时的震慑作用，老百姓不会心服。如果用"德治"、"礼治"的办法，老百姓就会"有耻且格"，进而也就服从统治了。孔子特别指出"《诗》三百，一言以蔽之，曰：'思无邪'。""思无邪"就是要"思想不邪恶"，不可违背周礼。因为《诗经》语言温柔敦厚，哀而不伤，乐而不淫，所以孔子十分重视"诗教"。然而出于政治的需要，《诗经》往往被断章取义，附上许多道德观念。

培养自身的品德素养

统治者要"为政以德"，首先自己要具备良好的品德素质，礼贤下士，谦恭有礼，与下级同甘共苦，在树立良好榜样的同时，自然会得到百姓的尊重和爱戴。

古时有这样一个故事，齐宣王召见颜斶时说："斶，走到我面前来！"斶也说："大王，走到我面前来！"宣王不高兴，左右的人更是哗然："大王是一国的君主，你怎么可以这样说呢？"斶答道："我走向前去是贪慕权势，大王走到我面前来是礼贤下士。与其让我做一个贪慕权势的人，不如让大王做一个礼贤下士的人。"

每一个能做到"礼贤下士"的领导者都是受人欢迎的。美国总统艾森豪威尔曾说过："士兵们都想见见指挥作战的人，他们对轻视或不关心他们的指挥官表示反感。士兵们总是相互传播指挥官走访他们的情形，即使是短暂的走访，也看作是对他们的关心。"所以领导者应该放下架子，走到群众中去。

君王也好，平民也罢，只要身为一个领导者，就应具备良好的道德素质。比如一个企业的领导者，倘若具有良好的道德素质，也能树立良好的企业形象。

1993年11月16日，广西北海金城实业有限公司总裁德籍华人哈里驾车与公司三名职员经过八宝村时，有人拦车，说有个孩子被歹徒绑架，请求帮助。一名职员提醒哈里，这种事最好不要管。哈里却说，这种事不能不管。于是，他调转车头，追上去扣住了两个歹徒，救了孩子，并将歹徒扭送至公安部门。事情传开，记者竞相采访。哈里说：一个人如果没有人情味，即使钱赚得再多，活着也没意思。他计划拿出20万元作为社会治安基金，专门用来奖励见义勇为者。哈里的事迹在媒体的宣传下广泛传播开来，一个关心社会问题、见义勇为的企业家形象，很快在社会公众中树立起来，其企业也随之增光添彩，大大提高了知名度。

智慧与人生——聪明人生的方向

解救遭绑架的孩子，是每个普通人应该做的，恰巧哈里是一个企业的领导者，这一行为也为其企业产生了公关效应，这与那种精心策划着塑造形象的募捐、义演，境界不知要高出多少。

对领导者来说，他的影响力包括权力性影响力和非权力性影响力这两个方面。一个人一旦被任命为某个单位的领导，就具备了与职务相对应的权力性影响力。这种影响力是必不可少的、有效的，但其作用也是有限的。比起权力性影响力，非权力性影响力发挥作用的范围更大、时间更长。这是因为部属在接受这种影响力时，没有任何强制接受的压力，其影响效果不仅表现在"口服"上，更表现为心悦诚服。这种影响力是权力性影响力无法代替的。领导干部的德行就是这种非权力性影响力。诚如古人所说，"官德乃为官之本，本固则德厚，德厚则威高"，"为政以德，譬如北辰，居其所而众星共之"。

道理能征服人，主要靠真理的力量；道德能征服人，主要靠人格的力量。我们常讲，德高望重，其实，"德高"不仅能"望重"，而且能"言重"，即增加讲道理的分量。从某种意义上说，德行是形象的道理，道理是抽象的德行；道德的滑坡是最危险的滑坡，人格的缺失是最可怕的缺失。作为青少年，我们应该加强道德规范的学习和实践，不断提高"精神境界"，守住自己的"精神家园"，这样才能抵制住各种诱惑！

古往今来，人们无不看重"服人"二字。有主张"以力服人"的，有主张"以理服人"的，也有主张"以德服人"的。但实际上注重自身修身立德，品行端正，道德高尚，就能"高山仰止，景行行止"，让众人服之、众心归之。对领导者而言，除"以力服人"外，

"以理服人"和"以德服人"都必不可少，而后者是一种高境界，显得更为重要。

第二节　爱民如子，不负社稷

水能载舟，亦能覆舟

只要通晓中国历史，几乎没有人不知晓"水能载舟，亦能覆舟"的典故。一般认为，这句格言最早见于战国时期哲人荀子的《王制篇》："庶人安政，然后君子安位。传曰：'君者，舟也；庶人者，水也；水则载舟，水则覆舟'。"唐太宗时，名臣魏征在《贞观政要》中也引用了类似的观点："臣又闻古语云：'君，舟也；人（避唐太宗李世民讳，以"人"代"民"），水也。水能载舟，亦能覆舟。'"

水有浮力，故能载舟行船。同时，水又会因风起浪，浪大时，也能倾覆舟楫。其实，这就是对水的认识中的一种辩证思想。就水本身而言，获取这样的认识并不困难，但古人的可贵之处就在于将这种辩证思想推广到社会生活之中，使之成为一种维护社会稳定的智慧。在中国古代的阶级社会，君与民是统治与被统治的关系，它们的阶级利益是根本不同的，但这并不意味着两者在任何时期都处于尖锐对立的状态。唐太宗李世民也正是因为听取了魏征的"水能载舟，亦能覆舟"的忠告，才最终实现了中国历史上著名的"贞观之治"。

智慧与人生——聪明人生的方向

"水能载舟，亦能覆舟"，这里的水是指"人民"，这里的舟是指"皇权统治"。意即人民群众可以维护封建政权，也可以推翻封建政权，关键在于统治者是否顺民意、得民心。

秦始皇嬴政持策仗剑，灭六国，吞八荒，囊括四海，建立了秦王朝，也算是一个有雄才大略的历史人物。可建立了秦王朝后，他不知休养生息，发展生产，反而推行暴政，修阿房、建长城、焚书坑儒、残民以逞，导致天怒人怨。身为戍卒的陈胜、吴广登高一呼，天下响应，秦王朝很快土崩瓦解，成为中国历史上一个既强大却又短命的王朝。（嬴政在位27年，他的儿子秦二世胡亥仅在位3年）。这里的经验、教训何其深刻，秦朝的灭亡，是他推行暴政的结果，也是人民反抗暴政的伟大胜利。

"前事不忘，后事之师。"回顾历史，从封建王朝的兴衰史中，我们可以获得许多有益的东西。历史的经验告诉我们，大至一个朝代的政权，小至一个政府的官员，与人民群众的关系是否融洽和谐，能否得到人民的支持和拥护，是关系自身生死存亡的决定性因素。甚至连帝王李世民也深谙"得人心者得天下，失人心者失天下"的历史规律，所以他说，"天子者，有道则人推而为主，无道则人弃而不用，诚可畏也"。

以民为本

以民为本的思想。无论是"敬德保民","以德配天",还是"民无信不立","民贵君轻","修己以安百姓",这些重视百姓的重要思想,虽无法与今天我们提出的以人为本的思想相提并论,但他们以民为本的重民思想正是我们可借鉴的思想基础。先秦儒家就注重以人为本,认为老百姓永远是封建统治者统治的基础。

"民为邦本,本固邦宁",是儒家政治思想最核心的价值。这一思想认为民众是国家的根本,要求统治者关注民生,实施惠民政策。历史证明,"治"有利于生产力的发展,社会的进步,对人民有利,而"乱"破坏生产力,阻碍社会发展,对人民不利。在历史上凡是重视以民为本的统治者,在其统治的时期都获得了好的政绩,社会就会相对稳定,矛盾就不那么尖锐,相反则会引起社会极大的动荡。儒家这种以民本思想为核心价值的"德治"思想,表现出了极大的进步性。虽然民本还不是现代意义上的民主,但仍有深刻的历史意义。

有一年冬天,唐太宗到大理寺(监狱)去巡视,发现有400名判死刑的人犯在等待行刑。唐太宗询问这些死刑犯,冤不冤枉。这些人没有一个喊冤。都说:法官判的公平,我们确实犯了死罪。不喊冤。这使得太宗很受感动,也动了恻隐之心。便对这400名等待死刑的犯人说:"我们来约定一个君子协定:今天把大家放回去。等到明年这个时候你们再回到监狱里来,好吗?"这些犯人本来就都是在世界上活不了几天的人,如今却遇这样天大的好事情,还可以多活一年,都纷纷表示:"如果朝廷能放他们回家再过一年,明年一定再回来到监狱里来。"

智慧与人生——聪明人生的方向

到了第二年这个时候。这400名犯人一个不少地都回到监狱里来了。这说明在唐朝太平盛世，皇帝是明君，而犯了死罪的犯人也有诚信。唐太宗大为感动，最终决定把这400名死刑犯人全部赦免了。

民本思想是封建王朝统治合法性的基础。民本思想对统治者有一定的劝导和制约力量，历代思想家倡导君主要"为政以德"，勤政爱民，官吏要廉洁自律，为民做主，一定程度上起到了缓和阶级矛盾、维护社会安定的作用。在封建社会中，君主的中央集权能够维护国家统一和社会稳定，也多多少少有一点社会服务职能。封建统治者把民众视为邦国之本，把自己和民众的关系比喻为舟和水的关系，希望民众能够安居乐业，统治阶级和被统治阶级之间能够和睦相处，这并不是一种虚伪的道德说教，而是基于期望封建国家长治久安的政治需要。的确，稍为明智一些的封建统治者都乐意把自己打扮成"民众保护者"这一角色，因为他们深知人民在国家经济生活和政治生活中的重要地位及作用，要是公开否认民本思想，就意味着抛弃自己的"子民"，也就等于毁坏统治的合法地位。民本主义为一朝的长治久安考虑，可以说是古代政治文明的最高表现。

第三节　唯才是举，任人唯贤

不尚贤，使民不争

历史证明，凡唯才是举，任人唯贤者，事业上无不取得成功；相反，任人唯亲，拒贤却士，没有不失败的。

　　秦末楚汉相争，刘邦最终战胜了曾称雄一时的楚霸王项羽，夺得天下。其原因就在于他得到了人才，而项羽失败的原因，就在于他自恃勇猛，用人不当，甚至连韩信这样的人才也容不下。

　　元朝末年，群雄揭竿而起，争夺天下。就实力而论，建国号为宋的明王和拥护明王的刘福通在政治上占优势；而陈友谅兵力雄厚，在群雄中最强大；张士诚本是贩卖私盐的首领，财力在各家中首屈一指。朱元璋不论声望、兵力、财力都远不如人，但他有个最大的优点，就是懂得用人之道，虽然他自己没有读过几天书，却重视读书人。他多方求贤，得到了刘基、徐达、朱升等人才。正是依靠这些人才，他制定了正确的战略方针——"高筑墙，广积粮，缓称王"。最后，朱元璋逐一击败了各路群雄，统一天下，建立了大明王朝。

　　古今中外，人才的发现、培养和使用的基本经验是有其一致性的。三国时期曹操的用人思想在今天看来，仍不失其教育和借鉴意义。在人才的选拔和使用上，人才观正确，才能做到知人善任，做到不拘一格唯才是举。反之，即使人才站在面前，也会熟视无睹，良莠不分，免不了失去"千里马"。

　　在古代政治家中，三国时的曹操是目光远大，气魄宏大，很有作为的一位。曹操的不同凡响之处，突出地表现在他的用人思想上。

智慧与人生——聪明人生的方向

为了统一天下，治理国家，曹操提出了"明扬仄陋、唯才是举"的方针。"为国失贤则亡"，这是曹操的深刻认识。为此，他在掌握朝政大权后，曾三次下令求贤。这种对人才的渴求，在历史上并不多见。

曹操的人才观已具备了朴素的辩证观倾向。他深知金无足赤，人无完人，如果对人才求全责备，就无人可用了。他在第一次求贤令中说："今天下得无有被褐怀玉而钓于渭滨者乎？又得无盗嫂受金而未遇无知者乎？"他在第二次求贤令中又说："士有偏短，庸可废乎！有司明思此义，则士无遗滞，官无废业矣。"在发出的第三次求贤令中，曹操说得更加明白无误了。此令名为"举贤无拘品行令"，令中直截了当地提出，即使"不仁不孝而有治国用兵之术"，也要大胆地选拔使用。

重视人才、全面地看待人才、以宽阔的胸襟对待人才、不拘一格地选拔人才，这就是曹操的人才观。当然，曹操作为封建社会的统治阶层，自然有其阶级的历史局限性。但是，单看曹操的用人观，在今天看来，仍不失其教育和借鉴意义。

知人善任，任人唯贤

用人难，知人更难。知人是善任的前提。要善任得先知人，不知人就谈不上善任。领导者要有伯乐的眼光，恢宏的气度，还要有清醒的头脑。领导者要想有效地发挥各种职能，都离不开人。而每个人又都有着自己的意志、思想和愿望，如果领导者能够按照需要，人事相宜，选用得当，就会收到好的成效。

在一次宴会上，唐太宗对王珪说："你善于鉴别人才，尤其善于评论。你不妨从房玄龄等人开始，一一做些评论，评一下他们的优缺点，同时和他们互相比较一下，你在哪些方面比他们优秀。"

王珪回答说："孜孜不倦地办公，一心为国操劳，凡所知道的事没有不尽心尽力去做，在这方面我比不上房玄龄。常常留心于向皇上直言建议，认为皇上能力德行比不上尧舜很丢面子，这方面我比不上魏征。文武全才，既可以在外带兵打仗做将军，又可以进入朝廷搞管理担任宰相，在这方面，我比不上李靖。向皇上报告国家公务，详细明了，宣布皇上的命令或者转达下属官员的汇报，能坚持做到公平公正，在这方面我不如温彦博。处理繁重的事务，解决难题，办事井井有条，这方面我也比不上戴胄。至于批评贪官污吏，表扬清正廉署，疾恶如仇，好善喜乐，这方面比起其他几位能人来说，我也有一日之长。"唐太宗非常赞同他的话，而大臣们也认为王珪完全道出了他们的心声，都说这些评论是正确的。

唐太宗李世民说："君子用人如器，各尽所长。"很有道理。鱼在水中游，兔子在地面上跑，都身手不凡。如果二者颠倒，则连性命也保不住了。用人之道亦然。有的人有雄才大略，善于宏观领导；有的人心思细密，善于微观管理；有的人善于运筹帷幄，有的人乐于驰骋疆场；有的人精于技术研究，有的人适于行政组织。领导者就是要使其各得其所，各就其位，各展其才。如果把位置放错了，人才就可能变成庸才、废才。足智多谋、神机妙算的诸葛亮因用错了马谡，导致了"失街亭"之悲剧，几乎败得不可收拾。马谡自幼熟读兵书，却缺少实战经验，属于智囊型人才，善于提建议做参谋。诸葛亮任其为守街亭的主将，这就不是用其所长了。避其长而用其短，岂有不败之理。诸葛亮"挥泪斩马谡"主要是想起刘备托孤时，曾专门提醒他"马谡言过其实，不可委以重托"。诸葛亮自愧自己不知人，善任方面远远比不上刘备。

领导者用人，首先要用人之长，避人之短。在现实生活中，有专长的人比比皆是，而没有短处的人却很难找到。能"运筹帷幄，决胜千里"的诸葛亮却无法像张飞一样"冲锋陷阵，勇冠三军"；能写出传世之作的文学泰斗，不一定会做生意；能研制原子弹的科学家，不一定会种地。所以领导者用人要善于量才使用，做到人尽其才，事尽其功。

第四节 广开言路，虚怀纳谏

开怀纳谏方能成就一方天地

无论是在工作中，还是在生活里，每个人都不可能做到完全正确，毕竟人无完人，犯错是在所难免的。但是在面对自己过错的时候，面对别人指出自己错误的时候，每个人都会有自己的看法和处理方式。说到这里，我们不妨来看看历史上，那些封建帝王是如何面对这种情况的。

在古代，大臣们指出皇帝的错误一般称为"谏"，这是古代下对上的一种劝说的形式，意为直言规劝，使之更正错误；"纳谏"即是指受谏者采纳忠言。古往今来，盛世数出，但观盛世之形成，可以认为它与统治者的思想开明、善于纳谏、广开言路有很大的关系。

俗语说，伴君如伴虎，权力让君、臣之间的沟通有很大障碍，因为每个皇帝对待这种沟通的态度都不同，如果皇帝开明，能够听得进去大臣们的谏言，并且能及时改正自己的错误，这个皇帝往往能够成为一代明君；反之，皇帝不肯听取大臣们的谏言，久而久之，就失去了敢于进谏的大臣，全都是阿谀拍马之辈，那么这极易造就一代昏君。

相传夏禹为治，就颇为明智，为广征不同意见，门悬鼓、钟、磬、铎、鞀等五种器具，让那些提意见的人"教寡人以道者击鼓，教寡人为义者击钟，教寡人以事者振铎，语寡人以忧者击磬，语寡人以狱讼者挥鞀"。夏禹能名留青史，与其能够广开言路、善于纳谏密切相关。

汉唐盛世是中国古代史上最灿烂的时期之一，也是中华民族强势生存状态的标志性阶段。在其辉煌的背后，我们不难发现汉唐王朝能够取得辉煌成就，与统治者的开明睿智、纳贤容谏有直接关系。

唐太宗是历史上最善于纳谏的皇帝，具有雄才大略而又从谏如流，位及人主而兼听纳下。他秉承"水能载舟，亦能覆舟"的儒家思想，相信"兼听则明，偏信则暗"。善于选贤任能，营造直谏的朝堂氛围，善于广开言路，共商国策。

而最著名的进谏者非魏征莫属，他忠心又耿直，经常向太宗进谏。据不完全统计，在魏征任职期间，进谏次数多达 200 余次。其进谏内容不仅涉及唐朝休养生息、注重教化、完善郡县制度等国家大政方面，而且经常对唐太宗的缺点和不足犯颜直谏。他曾撰写《十渐不克终疏》，用犀利的词藻指出唐太宗十个方面的过错，令太宗非常尴尬。可唐太宗仍把他作为贤士重用。

魏征去世，太宗痛失良臣。感慨道："以铜为镜，可以正衣冠；以古为镜，可以知兴替；以人为镜，可以明得失。魏征没，朕亡一镜矣！"

汉高祖刘邦布衣出身，并无文韬武略，在未出世之前只是一个街头小混混，但是他非常有自知之明，知人善任，曾博采张良、陈平、刘敬等谋士之良策，故而在楚汉相争中能战胜项羽，夺得天下。在建立汉王朝之后，刘邦一如既往，每有大政，必与群臣商议，择善而从。刘邦这种广开言路、博采众议的风格，不仅垂范于子孙，也为后世所称道。

以性情宽厚、睿智仁爱著称的汉文帝，也是善于纳谏的典型。《汉书·刑法志》中记载：文帝十三年，少女缇萦因其父罪当处肉刑而上书文帝，指出肉刑的残酷，表示愿为官婢，以赎父刑罪。文帝览后感到言之有理，于是下令进行刑制改革，从法律上正式废除残害肢体的肉刑，从而使我国古代刑制向"文明"迈出重要一步。一个普通少女的上书，竟然成为万民共尊的皇帝进行刑制改革的直接诱因，足见汉文帝"从善如流"之风范。再比如，当时百姓多背农逐商，贾谊为此谏言："国民不务农而趋商，必使农产品积蓄锐减，长此下去，百姓将衣食不足，军费无着，灾年难度，国家难治。"所以，他提出，当务之急是"使民还农"。文帝听后幡然醒悟，劝民农桑，并躬耕于田亩，还采纳了晁错提出的贵粟政策，卒收促民舍商逐农之效。到武帝时，"京师之钱累百钜万，贯朽而不可校。太仓之粟陈陈相因，充溢露积于外，至腐败不可食。"可见，"文景之治"的出现，与汉初统治者的开明统治、诚纳谏言确有一定关联。

懂得吸取前人经验教训，做到防微杜渐

历史经验告诉我们，统治者虚怀纳谏是盛世的前提条件，骄横拒谏是亡国的重要标志。

后唐明宗李嗣源以武力夺取了江山，登基的时候已是六十岁高龄。他鉴于庄宗的失败，采取了休生养息的政策，中原的农业生产有所恢复。明宗文化水平低，曾夜间焚香、仰天祷告说："我本番人，哪里能够担负得起治理天下的重任。天下混战变乱已太久了，愿上天早生圣人。"话虽然这样说，但明宗在用人讷谏方面，还是具有相当的治国才能的。

冯道在明宗时担任宰相，明宗便常常向他询问民间的事情，以便自己能够了解百姓的苦乐。在一次谈话中，明宗提

到："朕登基之后这几年以来，庄稼连年丰收，四方太平，没有动乱。"

冯道回道："我记得当年在先帝(李克用)手下充当幕僚时，奉派前往中山(今河北省定州市)，穿井陉，路面狭窄，险象环生，我担心马失前蹄，所以小心翼翼地拉住缰绳。上天保佑，没有闪失。可是出了井陉，走到平坦大道。为了偷懒，把缰绳放开，由马奔跑，不久就一下子栽倒。治理国家，跟这种情形一样。"

明宗深深点头，又问道："今年庄稼丰收，人们是不是富足？"

冯道说："农民遇到歉收，就饿死荒野；遇到丰收，粮价却又猛跌。不管歉收丰收，受苦受难的，只有农家。我还记得进士聂夷中的诗，'二月卖新丝，五月粜新谷。医得眼下疮，剜却心头肉。我愿君王心，化作光明烛。不照绮罗筵，偏照逃亡屋'。诗虽然通俗，但道尽农民困境。士、农、工、商中，农家最勤劳辛苦。陛下宜时时记之。"

明宗十分高兴地说："这首诗非常好。"随即，他马上命令侍臣把聂夷中的这首诗写下来，常常背诵。

明宗能够吸取前任的经验教训，休养生息，重视农业，又能够虚心接纳他人的意见，方能使天下太平，少有动乱。

第五节　善政必简

纵观古今，我们总结出治国的重要两点：一是善政必简。维持政策的稳定性，精简管理机构，提高管理效率，百姓才会信赖政府。二是注重社会风气的引导和资富能训，让百姓看到富足的重要性，也看到教育的重要性。将社会风气作为治理的重要着手点，同时也要求规范治理，维持政策的稳定性，注重务实。这些对我们今天的生活仍有指导意义。

善政必简

提一个小问题：你认为安装一个灯泡需要几个人？这绝对不是一道脑筋急转弯，尽管听起来有点可笑，安一个灯泡还能需要几个人？或许有人会很快回答，一个人也就够了，这还用问吗？

其实问题没有那么简单。

假设儿子一个人在家，灯泡突然坏了，他找一个灯泡安上也就得了，问题自然很简单。问题是灯泡坏了的时候常常不是儿子一个人在家，这样问题就复杂得多了。

如果灯泡坏了的时候妈妈和儿子同时在家，那么安一个灯泡就需要两个人。儿子站在椅子上安灯泡，妈妈在下面扶椅子。

智慧与人生——聪明人生的方向

如果灯泡坏了的时候，恰好爸爸、妈妈和儿子同时在家，那么儿子在上面安灯泡，妈妈在下面扶椅子，爸爸在边上给儿子递灯泡，安一个灯泡需要三个人。

如果灯泡坏了的时候，爸爸、妈妈和儿子、女儿同时在家，那么儿子在上面安灯泡，妈妈在下面扶椅子，爸爸在边上给儿子递灯泡，女儿在后面点燃一支蜡烛为哥哥照亮，安一个灯泡需要四个人。

如果灯泡坏了的时候，爸爸、妈妈和大儿子、小儿子、女儿同时在家，那么大儿子在上面安灯泡，妈妈在下面扶椅子，爸爸在边上给大儿子递灯泡，女儿在后面点燃一支蜡烛为哥哥照亮，小儿子在远处指挥，安一个灯泡需要五个人。

如果灯泡坏了的时候，爸爸、妈妈和大儿子、小儿子、女儿以及孙子同时在家，那么大儿子在上面安灯泡，妈妈在下面扶椅子，爸爸在边上给大儿子递灯泡，女儿在后面点燃一支蜡烛为哥哥照亮，小儿子在远处指挥．孙子则在桌子上拿一支笔和一个本做安装记录，安一个灯泡需要六个人。

如果继续写下去的话，恐怕再有十个八个人也都能派上用场，这是一个没有止境的结果。

从这个小问题回到现实生活，若官僚机构想方设法让自己的机构膨胀，这样人越来越多，办公场所也越来越宽敞。通过扩张规模来提高自己的利益，让自己升迁的机会更多，让自己管理的公共物品更多，让自己办公的空间更豪华。则政府官员追求的并不是社会利润的最大化，而是自己规模的最大化、利益的最大化。

国家管理机构应该是越简单越好，越精简效率越高，管理成本越低，也就意味着全社会的交易成本越低。可是，问题并不像人们想象的那么简单。每一个人都想谋取自己的利益，所以，政府中的工作人员作为一个"吃皇粮"的阶层，每一个人都想晋身到这个阶层中来，就好像安装一个灯泡，有多少人都会派上用场。最好的政府应该是这样一种状态：小政府，大社会。

注重社会风气的引导

从前，有个老爷爷带着孙子去赶集，他们用一根绳子在身后牵了一头温顺的驴子。走了一段路之后，爷爷和孙子明显走累了，脚步慢了下来，这时，那位老爷爷听到有个路人揶揄他们说："这一老一少，放着驴子不骑，真是傻瓜！"两个人听了觉得路人说得有点道理。于是，爷爷和孙子便一起骑上了驴背，继续赶路。

走了一段路，他们又遇到一位扛着锄头的老农，那老农张大了嘴巴，惊讶地指着他们说："这爷儿俩真是的，两个人骑一头小毛驴，小小的牲口怎么能受得了呢，看把毛驴压得直喘粗气。"听老农这么一说，那老爷爷赶忙从驴背上跳下来，让孙子一个人骑在驴背上，自己牵着驴子步行向前走去。

过了不久，爷爷和孙子路过一间茶楼。茶楼外面站着一个妇女，那妇女夸张地说道："这是什么时代啊，这个小孩子可真是不孝顺，自己骑在驴子上享受，让老人家走路。人心不古

智慧与人生——聪明人生的方向

啊！"

驴背上的孩子听了路边妇女的话，脸红地对爷爷说："爷爷，我要下来！"说着，自己从驴背上滑落下来，让爷爷坐到了驴子的背上。

走着走着，他们来到了一条非常热闹的街道。那里有三五个老妇人对着他们指指点点："唉，这个老头儿怎么这样没有爱心，自己享受，让小孩子受苦，真没有当爷爷的样子。"老爷子一听，马上脸红起来，急急忙忙从驴背上跳下来，无奈地说："这也不是，那也不是，到底怎样才是对的呢？"最后，那爷爷和孙子到临街的商铺里买了一根大绳子，又在周围找了一根长棍，将驴子的四脚绑上，两个人抬着驴子继续向前赶路。

爷儿俩抬着驴子向前走着，累得满头大汗，步履维艰。人们看着这千古奇观，再也无人议论了，路上只闻得一片哈哈笑声。

一个人的行为不可能让所有人称赞，同样，一项社会制度若能让社会的所有人感到满意，这是再好不过的决策，可是这只能是童话里才会有的事情。好比一个人，假如你想得到所有人的满意，那的确是再好不过的事情，但是这种理想的状态在现实生活中同样是不存在的，如果你追求这样的境界，你就只能什么也不做，只能无所作为。

倘若一个政府所实施的政策、制度必须让社会所有人满意，那么这样的政府必然是一个没有任何工作效率的政府，没有任何作为的政府，必然是一个"抬驴而行"的政府。

每个人都满意的事情是不存在的，假如我们被这种童话牵绊的话，我们就将永远徘徊不前。所以，我们最好还是骑自己的驴，让别人去说吧！

第六节　忧劳可以兴国，逸豫可以亡身

"忧劳可以兴国，逸豫可以亡身。"这是宋代大文学家欧阳修《伶官传序》中的一句名言。这句话就是说，忧虑劳苦可以振兴国家，贪图安逸必定祸害终身。

要想振兴国家，首先就得做出一番事业，打出一片属于自己的天地。俗话说得好："不经历风雨，怎能见彩虹。"如果只是贪图享乐，不思进取，必定会让自己一败涂地，一事无成。忧虑劳碌可以让国家兴盛，安闲放荡则会使自身灭亡，这是自然的道理。

忧劳可以兴国

所谓忧患意识，就是居安思危。任何时候都要想到挫折与失败，想到不幸与灾难。这样，才会在苦难面前应对自如。加强忧患意识，居安思危，自古以来就是一条重要的政治经验。

早在先秦时期，《左传》便提出了为政要"居安思危"，"思则有备，有备无患"；孔子主张"安而不忘危，存而不亡，治而不忘乱"；孟子也说"生于忧患，死于安乐"。先哲圣贤告诉我们，社会政治生活中的"安危"、"存亡"、"忧患"、"安乐"之理，是从当时社会实践中总结出来的经验之谈。假如没有忧患意识，是成就不了伟大功业的。

例如，在清朝末年，慈禧太后独揽专政，却没有足够的政治远见，反而是夜郎自大，丝毫没有忧患意识，以"天朝大国"自居，闭关自守、因循守旧，最终使当时的中国陷入了半封建半殖民地社会的深渊。历史足以证明，增强忧患意识，居安思危，未雨绸缪，是国家安定、社会进步的一个重要条件。

"居安思危，思则有备，有备无患"，这绝对不是一句空话，也不是让我们每日胡思乱想，它是一种超前的防微杜渐的意识。孟子云"生于忧患，死于安乐"，居安思危者，则昌、则盛；反之则衰、则败、则亡。翻开历史长卷，这样的例子数不胜数：夫差之于勾践、项羽之于刘邦……

魏征为辅佐唐太宗李世民治理国家做出了卓越的贡献。魏征政治管理的核心就是八个大字——"居安思危，善始克终"。他经常以隋朝灭亡作为教训，规劝太宗要"居安思危，善始克终"。他认为自古失国之主、亡国之君，皆为居安忘危，处治忘乱，所以不能长久。唐太宗也是一个能够听得进去谏言的明君，自然接受了魏征"居安思危，戒奢以俭"的建议，励精图治，从而为"贞观之治"奠定了基础。

在春秋战国时期，吴王阖闾虽然开始在与越国的战争中赢得了胜利，让越王勾践成了亡国之君，阶下之囚。可是在这次的胜利之后，阖闾却开始变得洋洋自得、骄傲自满，根本听不进去大臣们的规劝，不纳忠言，整日沉溺在花天酒地之中，成了骄奢之君。二十年过去，越王勾践"卧薪尝胆"，不仅一举雪耻，还将吴王送上了黄泉之路。为什么呢？或许有人会有这样的疑惑。其实不难理解，越王勾践在失败之中激发了斗志，但吴王却在成功之中迷失了双眼。

"生于忧患"是千古不变的名言，春秋时越王勾践卧薪尝胆的故事是它最好的注解。那时，勾践卑微屈服，卑身事吴，卧薪尝胆，又经"十年生聚，十年数训"，终于转弱为强，起兵灭掉吴国，成为一代霸主，勾践何能得以复国？正是亡国之辱的忧患意识让他发愤、激他奋起的结果。这就说明，当困难重重、欲退无路之时，人们经常能彰显出非凡的毅力，发挥出意想不到的潜能，拼死杀出重围，开拓出一条生路。

中国历史上所出现的盛况，如"文景之治"、"贞观之治"、"开元盛世"等，都是像越王那样的统治者开拓的；而诸如"安史之乱"等，则是由骄奢淫逸、沉溺于声色犬马的昏君，吴王之流一手造成的。由此可见，为政之道在于"忧劳"。忧劳可以富国强兵，让人民安居乐业。

逸豫可以亡身

"忧劳可以兴国，逸豫可以亡身"，这句至理名言，至今仍有不

— 24 —

可忽略的现实意义。可是，有了生路、有了安逸、有了满足，人们却通常不能很好地利用，反而沉溺在内心对大环境的满足感中，最终就如同温水煮青蛙一样"死于安乐"。历史上最典型的例子莫过于闯王李自成了。

公元1644年春，李自成攻入北京，以为天下已定，大功告成。农民出身的他们开始了新官僚的作风，起义时打天下的叱咤风云的气魄消失殆尽，只图在北京城中享受安乐，"日日过年"，李自成想早日称帝、牛金星想当太平宰相，诸将想营造府第……当清兵入关、明朝武装卷土重来时，起义军一败不可收拾。

欧阳修曾说"忧劳可以兴国，逸豫可以亡身"。险象迭生时人们能够睁大眼睛去拼搏，所以能够化险为夷；生活安逸时往往意志消沉，锐气全无，结果一败涂地。

有这样一个有趣而令人深思的实验：把一只青蛙冷不防扔进滚烫的油锅里，青蛙能出人意料地一跃而出，逃离险境。但是，如果把一只青蛙放在逐渐加热的水锅里时，它却因舒服惬意，以致意识到危险来临时却欲跃乏力，最终葬身锅底。这就是"温水煮青蛙"的典故。

青蛙对眼前的危险反应敏感，对还没有到来的危险反应迟钝。其实人在这方面也是如此，正如孟子所说的："生于忧患，死于安乐"。在人生的旅途中，逆境催人警醒，能够激发人的潜在斗志，而安逸优越的环境却很容易消磨人的意志，使人尽享舒适，常常一事无成，甚至有的人会在安逸之时沉溺酒色，自我颓废。这与青蛙临难时的奋起一跃和温水中的卧以待毙是何其相似。

　　有这么一则故事，两个饥饿的人四处漂泊，有一天他们终于走到海边，看到有一筐鱼和一副渔具，其中一个人选择了那筐鱼，另一个人选择了渔具。

　　选择鱼的人马上就可以吃到鱼、填饱肚子；而选择渔具的人则需要忍着饥饿打鱼才可以吃饱。但是，一段时间后，选择一筐鱼的人饿死了，因为一筐鱼很快便被他吃光，而他又无法找到新的食物；选择渔具的人依靠捕鱼为生，开始过上了衣食无忧的生活。

　　这则故事里选择渔具的人没有选择眼前的安逸生活，而是选择依靠自己的双手和能力，靠自己吃饭，获得较圆满的结果是必然的。

居安思危让人在逆境中迅速调整方向

　　居安思危，不仅对一个国家非常重要，对个人也同样适用。"危"还有另一方面的原因，就是因为事物的发展有必然性，也有偶然性，每个人的一生都不可能是一帆风顺的，总会有一些突发的偶然事件是人们始料未及的。

　　"天有不测风云，人有旦夕祸福"，这种意外的突发事件，通常会让人陷入险境，甚至会改变人的命运。所以，在平时要有应付突发事件的准备，以免事件发生之后手足无措，陷入被动。

作为商人，在事业蒸蒸日上时，要懂得保持清醒的头脑，来观望竞争对手；作为小贩，在忙忙碌碌的工作之余，不忘揣测一下市场的供求；作为明星，在掌声如潮的舞台中央陶醉时，也要想到落幕的一刻。

"居安思危，思则有备，有备无患。"这样丰富的哲理，不但对国家、对企业具有警示和引导意义，对个人亦是。能居安思危，必然是永远走在时代前列，成为生活的强者，更是对生活有着深刻认识的智者。

第 2 章

家是心灵的港湾——齐家的智慧

齐家，这是儒家思想传统中备受知识分子尊崇的信条。以自我完善为基础，而后治理家庭，直到平定天下，是几千年来无数知识分子的最高理想。"正心、修身、齐家、治国、平天下"的人生理想与"穷则独善其身，达则兼济天下"的积极而达观的态度相互结合相互补充，几千年来其影响始终不衰。

第一节　齐家治国要先自修

自修是成大事的前提

《礼记·大学》中说："古之欲明明德于天下者，先治其国；欲治其国，先齐其家；欲齐其家者，必先修身；欲修其身者，先正其心；欲正其心者，先诚其意；欲诚其意者，先致其知，致知在格物。物格而后致至，知至而后意诚，意诚而后心正，心正而后身修，身修而后家齐，家齐而后国治，国治而后天下平。自天子以至于庶人，壹是皆以修身为本。"

大意是说：古代那些要使美德彰明于天下的人，要先治理好他的国家；要治理好国家的人，要先整顿好自己的家；要整顿好家的人，要先进行自我修养；要进行自我修养的人，要先端正他的思想……思想端正了，然后自我修养完善；自我修养完善了，然后家庭整顿有序；家庭整顿好了，然后国家安定繁荣；国家安定繁荣了，然后平定天下。

"修身"被儒家看作是进行社会管理的逻辑起点，没有"修身"，"齐家"和"治国平天下"就无从谈起。古人对修身是看得很重的，认为修身是人生事业成功的起点，司马迁在《史记》中说过"其身正，不令而行，其身不正，虽令不从"这样的话，可见修身的意义非同一般。只有个人的品行端正，才能治理好家庭；而治理好家庭，又是治理国家、平定天下的前提。所以，修身就成了成就大事的前提和出发点。一个人的自身修养，对以后的人生道路起着重要的作用。自懂事起，父母就会教自己怎样去做人，怎样去帮助他人，怎样去以德服人。虽然不太懂，但也明白所谓的以德服人，就是以自身高尚的道德去征服众人，而不是以暴力去令天下人屈服。要想做到以德服人，首先就得以德服己，只有使自己服从自己的时候，才有能力去使人信服于你。

修身，其内涵是通过陶冶身心、涵养德行以提高素质、完善自我，实现理想人格，进而影响他人，奉献社会。

修身最重要的功能是抑制人性中的恶，发扬人性中的善。古人对人性的认识，说法不一。孔子曰"性相近"，孟子倡"性善论"，荀子主张"性恶论"，秦汉以后董仲舒、杨雄等则认为性兼善恶。不管怎么样，人性只是一个内在的、潜藏的某种可能性，最终成为什么样的人，须下一番结结实实的功夫。孟子认为人生而具有仁、义、礼、智四种道德情感，但这四种道德意识只是"善端"，即善的萌芽，能不能显露出来且成长壮大，有待于后天的努力，需要自我修养、爱护、培养。就像树木的生长，需要阳光照耀，雨露滋润，才能长成参天大树；如果斧斤砍伐，牛羊啃食，再好的树苗也会夭折。他说，"故苟得其养，无物不长；苟失其养，无物不消"，"虽有天下易生之物也，一日暴之，十日寒之，未有能生者也"。荀子认为人生而好利、疾恶、有耳目之欲、好声色，如果顺从这些天性，就会出现争抢掠夺、残杀暴乱、淫荡混乱之事，必须制定礼仪、法则、制度、规范，强制人们遵守。长此以往，就会成为人们的自觉修养。董仲舒认

智慧与人生——聪明人生的方向

为人性兼善恶，若不加以修炼，善也可能会变成恶。杨雄说得更为简洁明了："人之性也善恶混。修其善则为善人，修其恶则为恶人。"总之，自先秦以来的思想家们不管对人性的认识如何，无一例外都强调后天修养的重要性，认为唯有修身才能抑恶扬善，成就世间最高贵的人。

身正则家起

齐家，也谓起家，使自己、自己的家庭或家族兴隆起来。齐家的前提必须"修身"（修身齐家），即只有完成"修身"大业之后才能"齐家"，此即"身不修，不可以齐其家"的道理。齐家，一方面要孝敬长者，要有孝心，在一个家庭或家族里面要形成互相尊敬、互相爱戴的家庭文化。一个人如果连自己的长者都不尊敬、不孝敬，那么这个人起码在逻辑上不可能尊敬其他人。另一方面就是家庭要和睦，引申出来的意思就是要团结他人，有与他人和谐相处、共同发展的心志。如果每天都像公牛跟公牛一样斗牛角尖的话，会有太平的时候吗？家，对孩子而言是最重要的，他们的心理是脆弱的，当自己在外受到委屈的时候，都希望得到家庭的关怀与温暖。父母吵架，会使孩子的身心受到严重伤害，做出一些无法挽回的傻事。离家出走，就是最典型、最普遍的现象。选择离家出走，是因为孩子不想整天生活在父母双亲你争我斗、互相伤害的局面，只能选择逃避。如果父母懂得什么叫以德服己，以理服人，也许就不会有这么多的破碎家庭。所以说，自身修养，关系到一个家庭是否和睦。

第二节 平等、独立是家庭关系的核心基础

中西方教育子女的差异

在中国人的价值观里，关注不同辈分的等级关系是强调一家人相互依靠、孝顺与服从、子孙满堂的天伦之乐。相反，美国人的家庭价值观则是突出强调个人的平等观念、独立发展、权力意识以及在个人独立基础上的天伦之乐。其中，最为显著的观念是家庭成员之间的独立和平等。在美国，孩子对父母直呼其名已经是屡见不鲜的生活现象了。

在家庭生活中，美国人崇尚独立性和一切靠自己的原则。所以，从家庭对孩子的启蒙教育到学校的正规教育、社会价值观、媒体导向及政府的政策等都鼓励这种独立精神。当小孩子开始懂事，他们的父母便用各种方法培养孩子们的独立精神，比如送孩子进童子军去野营训练、做些有报酬的家务劳动等。

洛克菲勒家庭就是一个典型的例子。由于约翰的严格管教，使得他们家中没有出现一只"黑羊"——败家子——孩子们进入学校之后便在校园或是社会上打工。孩子成年后一般都会立刻和父母分居，从家庭中独立出来，自己需要应对社会上的各种问题。美国的一本教

智慧与人生——聪明人生的方向

科书上曾用这样一张漫画教育年轻人——在儿子大学毕业之后，父亲拿出一张账单，账单上详细地记录了儿子在成年后向父母借的每一笔钱，这其中包括学费、饭费等。他对儿子说："连本带息你共欠我10万美元。"儿子上大学依靠贷款、兼职、工作等方式，自己慢慢还债。或许在中国人眼中，这是一种非常无情的做法，但是在美国这一现象非常普遍，这并不意味着父母不爱孩子，也不是因为父母供养不起，而是因为美国教育孩子的理念就是如此。

罗纳德·威尔逊·里根是美国第40任总统，在他担任总统期间，他的小儿子罗恩·里根是个芭蕾舞演员。按理说有一个担任总统的父亲，儿子至少会衣食无忧。但实际上，罗恩·里根失业了，而且在失业后，他也没有向父亲求助，宁可和妻子一起排队领取救济金。

家庭成员中每个人的独立人格

美国人到年老的时候，很少有人愿意与自己的子女同住在一个屋檐下。当然，也很少有子女愿意将年迈的父母接到自己家中同住。

在美国常常会有这样的现象：已经80多岁高龄的老人，自己独居一处、自己做家务、自己开车去商店，生病了也自己去医院看医生，还经常单独外出旅游。但是这些老年人依然过得很快乐、很满足，因为他们始终认为自己是独立的，不依附于任何人。在美国家庭中传宗接代的观念很淡薄，没有光宗耀祖、养老送终、多子多福、子孙满堂等诸多家庭观念。他们着重强调的是个人的独立以及建立在此基础上的家庭欢乐。

美国人在家庭中的权力与平等地位观念极强。家庭中的每个成员在自己的事情上，都享有不可侵犯的个人权力，其他成员无权干涉。比如在谈恋爱、结婚、生育、求职、选择安家地点等问题上，每个人都可以自己做主，别人无权代替自己作任何决定。父母与儿女之间、兄弟姐妹之间，甚至是夫妻二人之间也相对独立。

小说《喜福会》刻画的文化矛盾冲突集中表现在东西方两种文化家庭价值观的冲突：四位母亲要按照中国传统的价值观念来塑造自己儿女的性格，而在美国生长接受了美国文化的四个孩子也要按照美国的价值观生活，两代人之间因此发生了冲突；另一方面四个孩子在华人家庭中长大，所以她们在无意识中接受的那些中国传统的价值观念又与美国人发生着矛盾。这两种冲突主要表现于对权力和平等意识的认识。小说中有这样一段故事：

四个女主人公之一的罗拉是位性格温顺的姑娘，她在加州大学伯克利分校读书时认识了一位读医学的白人学生特德，并且在很短的时间内与他成为好友。在还没有和他确定恋爱关系之前，特德特意邀请她参加他父母举行的派对。

特德的父亲是一个公司的大老板，而母亲是位有文化、有修养的人，这是个典型的白人中上阶层家庭。但是，儿子将一个亚裔女子带进这样的白人圈子，父母内心受到非常大的震动。当特德和他父亲谈话的时候，特德的母亲将罗拉带到一边，用委婉但目的性又很明确的语言告诉罗拉她的儿子将来是有地位的医生，他的圈子里将全是白人中上层级人士。假如罗拉和特德结婚，那么特德的朋友会很不理解。

看到这一幕，读者们是不是很熟悉？在很多中国式婚姻中，这一幕常常上演，最终导致"棒打鸳鸯"的也是屡屡皆是。

一直接受中式教育的罗拉虽然内心非常难受，但是她却碍于对方是特德母亲的身份，沉默不语。当特德得知此事后他大为火光。首先，他对罗拉不为维护自己的权力而斗争感到吃惊和不解，他对罗拉喊叫着："你就坐在那里沉默不语，你就让我的母亲决定我们应该怎么做吗？"似乎罗拉是他母亲的同谋，一块将他出卖了。而后，他气冲冲地走到母亲面前当着众人的面大声吼着，斥责他的母亲不尊重他的权利。在特德看来，任何人甚至是包括他的父母都不能侵犯他选择配偶的自由和权利，侵犯这一权利就等于侵犯他的个人尊严。

在特德的争取之下，他还是和罗拉结婚了。可是由于教育的不同、人生观价值观的不同，他们的婚姻也非常坎坷：

特德和罗拉结婚之初，两人感情不错。罗拉尽可能满足丈夫的各种需求，总是温顺地听从他的安排，事无大小一切由特德做决定。当特德提出要做什么或要吃什么的时候，罗拉总是说"你决定吧"或是"你说什么都可以，我无所谓"，从不提出自己的意见，因为罗拉相信这是她爱他的表现。在她看来她要做什么并不重要，得到特德的爱最为重要。

但是，结果事与愿违，时间一长，特德反而感到婚姻生活无聊乏味，便对妻子产生厌烦，最后提出离婚。这下可震动了罗拉。经过多少个日日夜夜的反省，她终于明白了，她应当有自己的尊严和独立人格。任何时候对任何人都不能轻易放弃自己的权利，夫妻之间亦是如此。所以，她决心为自己在婚姻中的权利和平等地位而斗争。

当特德回来要她在离婚书上签字，且带走孩子并让她交出房子时，罗拉义正词严地对她丈夫说离婚可以，但是孩子和房子不能给他，他无权拿走任何属于她的东西。她坚持自己的主张，毫不畏惧地维护自己的权利的举动反而让丈夫对她另眼相看。他发现妻子原来并不是一个唯唯诺诺、毫无权利意识的弱小女子。最后两人竟然破镜重圆，生活得比之前更加美满幸福。

在这个故事里，先是特德违背了父母之愿而选择了亚裔妻子，而后罗拉学会了对丈夫说"不"。这两件事情都充分地表现了美国家庭观中的独立意识。

反观中国，尽管中华民族的传统是讲究"四世同堂"、讲究"天伦之乐"，但是我们也能看出一些掩盖不了的矛盾——婆媳矛盾、姑嫂矛盾等一系列问题都成为"中国式婚姻"中的一大阻碍。换言之，中国人似乎对独立人格看得并不是很重要。

古人有云，"嫁鸡随鸡，嫁狗随狗"，也是从根本上抑制了女性在家庭中的独立意识。经过时间的考验，这无疑是不正确的。所以，想要家庭和睦，平等独立是非常必要的意识形态。

第三节　家人就是彼此关爱的存在

爱，永远都是温暖的力量

关爱是一盏明灯，照亮人们前行的路；关爱是一把火，温暖人的心灵。关爱更是一种美德，给予他人幸福，带给自己快乐。这个世界要想充满爱的气息，就要不断地努力付出，当你付出了爱，别人也会回报你同样或是更多的爱。让我们都学会爱，因为关爱是世界上最美好的情感；关爱，是世界上最无私的奉献；关爱，是人类最美好的语言……只要心中有爱，爱也会时刻陪在你的身边。

生活中，处处都会遇见人与人之间互相帮助的情景。有时，一个暖心的微笑、一句鼓励的话语、一个不起眼的动作，都会让别人充满信心和勇气。爱心是空旷田野里的一声呼唤，让心灵冰冷的人得到温暖的慰藉；爱心是黑暗世界中的一缕微光，让孤独的人看到前进的方向。爱心就像一只小小的手，即便软弱无力，却也温暖无比，温暖了别人的同时也照亮了自己。

每个人都需要爱，无论这种爱是来源于亲情、爱情，还是友情。当然，如果非要将爱的来源进行排序，那么来自家庭的爱无疑是最普遍、最温暖的。家人的爱是深夜里亮着的灯，等着你的归来；家人的爱是窗前翘首的期待，等着你的身影映入眼帘。家人的爱，是受了委屈之后结实的拥抱；家人的爱，是取得成功后有力的击掌。

家人的爱，有许多许多种方式。但大多都是默默的，可也都是最真挚最温情的，也更加值得珍惜，却也偏偏最容易被忽视。

在去土耳其旅游的路上，巴士行经1999年大地震的地方，导游叙述了一个感人且令人悲伤的故事，故事发生在地震后的第二天……

地震后，很多房子都倒塌了，各国来的救援人员不断搜寻着可能存在的生还者。

两天后，他们在废墟中看到一个令人难以置信的画面——一位母亲，用手撑地，背上顶着不知有多重的石块。一看到救援人员，她便拼命哭喊："快点救我的女儿，我已经撑了两天，我快撑不下去了……"

她7岁大的小女儿，就躺在她用手撑起的安全空间里。

救援人员震惊不已，他们卖力地搬移周围的石块，希望尽快解救这对母女。但是石块那么多，那么重，他们始终无法快速到达她们身边。

媒体记者到这儿拍下画面，救援人员一边哭、一边挖，辛苦的母亲则苦撑着、等待着……

看着电视上的画面和报纸上的图片，土耳其人都心酸得掉下泪来。

更多的人纷纷放下手边的工作投入到救援行动中去。

救援行动从白天进行到深夜，终于，一名高大的救援人员够着了小女孩，将她拉了出来，但是……她已气绝多时。

母亲急切地问："我的女儿还活着吗？"

以为女儿还活着，是她苦撑两天唯一的理由和希望。

这名救援人员终于受不了了，他放声大哭："对，她还活着，我们现在要把她送到医院急救，然后也要将你送过去！"

他知道，假如母亲听到女儿已死去，一定会失去求生的意念，松手让土石压死自己，所以骗了她。

母亲疲惫地笑了，随后，她也被救出送到医院，她的双手一度僵直无法弯曲。

第二天，土耳其很多报纸上都有一幅她用手撑地的照片，标题是：《这就是母爱》。

在很多天灾面前，人类似乎能够激发出无限的潜能，类似的事件还有很多，比如在2008年5月12日四川汶川地震中，为自己的孩子支撑出一片天的"勇敢妈妈"。能够做到这些全部都是出于"爱"。

关爱的重要性

关爱，顾名思义就是关心和爱护，可是现如今，人与人之间的关系日益冷漠，别人有困难时不闻不问，要想改变这种社会风气，让人们能够更好地生活，就迫切需要唤醒每个人内心中沉睡的爱。

从爱身边朝夕相处的家人开始，早上从一声"早上好"开始，用拥抱代替沉默不语。

总之，关爱就像一缕春风，拂去你心中的愁云；关爱就像一束阳光，照亮你心中的黑暗；关爱就像是一泓清泉，滋润你干涸的心灵。

从现在开始，让我们一起学会关爱吧。

家，是温暖的小窝，家人的关爱犹如娇媚的向日葵，带给我温暖、馨香。关爱是一片天空，给人无限的希望；关爱是一盏明亮的灯，照亮人们美好的未来；关爱是一句问候，带给人春天般的温暖；关爱是一个眼神，给人以无声的祝福……生活中只有充满了关爱，才会让我们的心灵变得强大。做一个诚实而又热情的人，由衷地去关爱身边的人。关爱就像一盏明灯，照亮人们前行的路；关爱就像一艘小船，将人们带到爱的彼岸；关爱就像一团火，温暖人们的心灵。

关爱，就是关心爱护，它在我们身边无处不在。我们每个人都需要关爱，生活中更是少不了关爱，别人给予我们关爱，我们更应该去关心爱护他人，这样世界才会充满爱。

第四节　有效的沟通融洽家庭氛围

看不见的代沟

"代沟"这个词语，我们常常挂在嘴边。你是怎么理解这个词语的呢？

子女在成长的过程中，会有自己的见解，会逐渐与父母产生思想观念、行为习惯上的差异。代沟通常是因为年龄或是时代的差距较大而造成的。年龄不等，交际圈子也就不同，接触的事物也就大不相同，所以，不同年龄层的人在思想方式和行为方式上也有很大的差别。如果这种差别不加以改善而让它逐渐扩大下去，那么在两代人之间就会逐渐地形成一堵无形的墙，便很容易产生误会。这就是心理学上所说的世代隔阂，套用一句现代语言，即所谓的"代沟"。

有很多家庭在产生矛盾的时候，往往都会甩出这个词，仿佛一切矛盾的根源都来源于"代沟"。子女不理解父母、父母不理解子女，说是因为"代沟"；丈夫不体谅妻子，妻子不体谅丈夫，也说是因为"代沟"。但实际上真是这样吗？

"代沟"绝对不是什么可怕的东西，更不可能成为家庭中矛盾的根源。梁实秋的散文里就讲过："自从人有老少之分，老一代与少一代之间就有一道沟，可能是难以飞渡的深沟天堑，也可能是一步迈过的小渎阴沟，总之是其间有个界限。"

其实，所谓的"代沟"，不过是我们不愿意去面对问题的借口，在一个家庭中，所有的矛盾都不是不可调和的，多半都是因为很多琐碎的小事积累而成。而这个时候，沟通就显得尤为重要。

代沟产生的原因

如果想要解决"代沟"，那么首先就应该清楚"代沟"究竟是在什么情况下产生的：

一是青少年身心状态的剧变。剧变迫使他们发现自我，追求独立，对童年的思想进行颠覆，开始对事业、友谊、爱情和人生的价值观进行抉择和追求。而在现在的独生子女家庭中，父母在知识和经验上的匮乏，使得他们对子女的变化措手不及，只能依照以前的方式应对。青少年只有让父母明确这种突然转变的原因所在，才能带给他们观念意识上的相应变化，才能消除误解和隔膜。

二是时代的烙印。出生于二十世纪五六十年代的父母对于今天的世界大融合观念需要一个渐进的认知、理解、接受的过程。家庭中，思想文化更新最快的自然是子女，所以，引导父母亲近、认识、理解和接受时代的任务，责无旁贷地需要子女来担当。

三是时代的迅猛发展。时代的迅猛发展为父母带来了紧张、疲惫、焦躁的情绪。紧张、疲惫和焦躁的情绪是子女反感父母、产生代沟的重要原因。不要让父母在恶劣情绪下作决定，帮助父母消除恶劣情绪，本身就是子女的义务。

四是子女的心浮气躁和自以为是。由于子女现在正处在青春期，容易和父母闹矛盾，也时常容易产生浮躁、赌气等心理。

五是父母的不理解。孩子的一些新潮的服装、发型或者是言行举止，通常让父母难以理解，这也就导致了父母和孩子之间产生了隔阂。不过，伴随着社会的发展，"代沟"开始不仅局限在血脉相连之间的隔阂，而且延伸到了更广泛的范围，甚至这似乎也成了相互之间观点相驳、行为迥异的一个代名词。

"代沟"真的是不可逾越的吗？当然不是。其实，如果我们能够静下心来认真地去分析"代沟"的定义，深入解析一件件"代沟"的典型事例，就不难看出，"代沟"更多的是人们拒绝沟通的一个借口。实际上，"代沟"并不是不可逾越的，倘若我们每个人在与长辈出现分歧的时候，能够认真地去倾听对方的想法，用心去和对方进行沟通，而且，能够站在对方的角度上，去看待问题、理解问题，相信双方最终一定能够达成共识，"代沟"也自然会迎刃而解。

智慧与人生——聪明人生的方向

美国著名的特纳公司老板特德·特纳是美国最有钱的人之一，他为人敦厚、头脑灵活，是美国新闻界和娱乐界的焦点人物。可是，如此成功的一个人当被问及最大的遗憾是什么时，他却难过地回答："没能做一个像样的儿子。"

老特纳当年是一个相当有知名度的广告商，他与儿子在早年就有很多思想上的隔阂，在诸多方面意见都难以达成一致。据知情人说，这父子俩只要单独在一起超过十分钟，必定会争吵得不可开交，谁也说服不了谁，谁也不让谁。每次都弄得不欢而散。

那个时候，年轻气盛的特德·特纳总是认为，有个性的人必定要勇于坚持自己的主张，即使是面对自己的亲生父亲也不能放弃自己的原则。有一次父子俩为是否卖出一部分名下的产业而争执不休，正当人们观望这对父子俩到底是谁会占上风的时候，老特纳却突然饮弹自尽了，虽说死因并不完全和这件事有关，可至少也是因素之一。

特德·特纳为此深受刺激，后悔不已，他深信，假如自己不那么激烈地和父亲争吵，而是先把自己的观点放一放，慢慢用事实说服他，也许父亲就不会死。自己能与对手求同存异，为什么不能与父亲这样做？求同存异对于促使代际关系的和谐确实是一个上策，它不仅可以保存青年人自以为"是"的一些优点，也能在两者之间寻找到对双方有利的地方。

隔代交往的矛盾冲突不可避免，却也不会让我们手足无措。如果青年儿女和老年父母都能做到求同存异，做到了解对方，并能在实践中主动协调代际关系，讲究代际交往的艺术，这样不仅旧的矛盾可以缓解，而且新的冲突也不会出现，至少冲突不会加剧，从而促进家庭关系的和谐。

代沟的存在是客观的，但不是无可奈何的，任其扩大只会加深两代人的冲突，给家庭生活，甚至是学校生活带来一些不和谐。作为年轻的一代，只要付出努力是可以把两代人的距离缩小到最小化的，代际关系和谐既有利于自己的健康成长，又有利于营造温馨的家庭氛围。

第五节　树欲静而风不止，孝顺要趁早

孝在当下

在现实生活中，有很多年轻人背井离乡，到其他地方去打拼，其中有很多人，只有在春节才能够见到父母。"一年团聚三五天"，这在中国是很普遍的一个现象。很多人觉得，来日方长，孝敬父母的时间还有很多，等"我"学业有成、等"我"事业成功、等"我"……而事实上，父母一天天老去，时间不等人。也许等你事业有成时，父母已不在身边。

一位35岁的年轻人，和父母的关系不好，很久没有通电话了。于是有人问他："你觉得什么是孝顺呢？打算怎样去孝顺父母呢？"

这位年轻人却说："尽管现在我跟父母的关系不好，可是我知道要孝顺父母，我准备让父母过上好日子，我打算等我经济富裕的时候，在城里给他们买一套房子，给他们买一辆车子，每月给他们两千块钱。"

有人对他说："你讲得很好，但是你能保证他们活得到你有出息的那一天吗？"

年轻人说："不好说。"

事实就是如此，本来他们可以活到80岁、90岁，就是因为现在沟通不好，让他们为孩子的事业操心，总是悬着一颗心，说得严重一点，这些都是在减损他们的生命。年轻人努力奋斗没有错，将来有一天为父母买房买车或是给钱也没错，每个年轻人争一口气，等到有钱的时候再孝敬父母也没错，可为什么不能一边奋斗，一边很好地和父母相处，让他们为你的事业放心，让他们少操心呢？

我们常说"树欲静而风不止，子欲养而亲不待"，这是很多人毕生的遗憾，其实孝敬父母很简单，不一定要你事业有成，不一定要你拥有雄厚的经济基础，只要平日里多去看望，多去沟通，让他们少操心，多快乐，这就是最简单的孝顺。

行孝当及时

我们身边常常会有这样一种人，他们总是急不可耐地奔向未来。例如，我们约好下班去喝茶，刚一坐下来，他们讨论的事情就是我们该到哪里吃晚饭。可是，等到了吃晚饭的时候，他们的业务电话却总是不断。吃过晚饭后，大家相约去看电影，期间他们又不停地接打电话。最后饭局还没有结束，他们就已经站起身来，准备走了。在回家的路上，他们又开始想明天、下一个星期、下半年的计划。他们从来都不是生活在此时此刻，当然也不能享受生活本身带来的一切，这种人当然也不可能会在当下感恩行孝。

他们不知道，唯有活在当下，才能真正地感受到生活的乐趣，才能真正地感知到自己和感知到身边的人，也只有在现在这一刻，你的行为才会对你所爱的人变得有意义。所以说，感恩行孝不能等待。要不，就来不及了。

有一个人讲述了自己母亲的故事，那天，母亲出门倒垃圾，一辆急速行驶的摩托车突然出现，她应声倒地不起。这位母亲原本就患有心脏病，家里随时都备有急救药箱。可万万没想到的是，她竟然以这种方式离开了亲人。这位母亲的小儿子哭着说，妈妈一句话都没有交代，就这样走了。孩子们以为即便母亲心脏病发作，也总有时间和他们说话，交代几句，总不会一声不响就走了！

智慧与人生——聪明人生的方向

　　实际上，母亲并没有一句话不说就走。母亲平时都在嘱咐，注意身体、小心着凉、不要太累、少熬夜、少喝酒、好好工作、别贪玩……只不过我们因为听得太多，变得麻木了，嫌妈妈啰唆，于是这些嘱咐都变成了无用的唠叨。但当她永远闭口的那一刻，我们才猛然地发现，还有很多话来不及听，来不及问，来不及跟妈妈说。

　　一份针对老年人的杂志曾对60岁以上的老人做过一个主题为"你最后悔什么"的专题调查。出乎意料的是，在绝大多数老人的回答中都写着：后悔自己当年对自己的双亲尽孝不够。这一点等到自己需要子女孝敬的时候，才真正地体会到了，可是却于事无补了。

　　俗话说："百善孝为先，行孝当及时。""养育之恩涌泉报，行孝及时莫等闲。"千万别以工作忙为借口，也别以自己财力有限为借口，孝顺并不是用物质来衡量的，而是用行动，孝顺也绝非只有给父母买东西这样一种方式，在工作空闲的时候经常回家看看，陪着老人说说话，尽尽自己的孝心，实在没有空时的一个电话，都能让父母的内心得到无限的满足。及时行孝，不要给自己留下遗憾。

　　世界首富比尔·盖茨在接受记者采访时，曾这样说过："天底下最不能等待的事情莫过于孝敬父母。"那么，你还在等什么呢？

第 **3** 章

身不修则德不立——修身的智慧

修身，是指修养身心，努力提高自身的思想道德。道家、儒家、墨家都讲修身，但内容不尽相同。儒家自孔子开始，就十分重视修身，并把它作为教育八目之一。儒家的"修身"标准，主要是忠恕之道和三纲五常，实质上这是脱离社会实践的唯心主义修身方法。

第一节　成熟不等于世故

你究竟是成熟还是世故

成熟是每个人一生之中必须经历的一个过程。在这个过程中，"世故"常常混入其中。在许多人的眼中，"世故"是人格中的一个污点，是充满贬义的评价。世故的人会让人不敢亲近，也不愿意靠近，从而导致了人生的失败。

生活中，大多数人都觉得做人难。人们希望自己早一些成熟起来，可往往却又无法分辨成熟与世故的界限，稍有不慎就会陷于世故的泥淖。那么，到底怎样才能区别成熟与世故呢？

成熟的人能够看清社会或是人生的阴暗面，却不会被阴暗面影响，表面上沉静而内心却有满腔的热血，面对黑暗面，有不公但不悲观，既对未来寄予美好的希望，又执着于今天的努力。世故的人也会看到社会的阴暗面，可是，他们分不清主流和支流、本质和现象。他们因为曾经在事业、理想、生活、爱情等方面遭受过打击或是挫折而选择冷眼旁观，觉得人生残酷、社会黑暗。这就是"成熟"和"世故"最大的不同。

成熟者，世故者

成熟的人懂得社会是繁杂的，因此他们认为人的头脑也应当复杂些好。遇事要有自己的思考，自己做主，不轻信、不盲从。与人交往，思考复杂些而不失其赤子之心，"和朋友谈心，不必留心"；倘若遇到不熟悉的人，"切不可一下子就推心置腹"，因为这样既不尊重自己，也不尊重别人，可以多听少谈，真正了解后才敞开思想交流。这是鲁迅先生待人的经验之谈。

世故的人则是因为过多地看见人生和社会的阴暗面，所以错误地以为人世间没有真诚可言。与人做"披纱型"的交往，将自己的内心世界封闭起来。对人外热内冷，处事防备，奉行"见人只说三分话，未可全抛一片心"的处世准则。同友相交，虚与周旋，别人的事自己探听尤详，自己的事隔墙难闻，说给别人听的，尽是些"不着边际"的话。

成熟者善于互助，世故者善于利用

成熟者在处理人与人的关系上，坚持互惠互利、团结互助的态度，做到有福同享、有难同当，患难时更见真情。

世故者思考问题时以利益为先，交往的热情则同利己的程度成正比，即便是对同一个人也不例外。

这正如果戈理小说《死魂灵》中的主人公乞乞科夫一样，在刚当小职员时，百般讨好巴结上司的麻脸女儿。博取上司的好感后，终于如愿当上了科长，站稳了脚跟，随后马上就翻脸不认人了，那个痴情的姑娘也就成了被他愚弄的对象。

成熟者坚持原则，世故者见风使舵

成熟者遇事头脑清醒，坚守原则，有主见，知道自己该干什么。

世故者观风向，看气候，见什么人说什么话，投其所好，八面玲珑，采取"随风倒"的处世方式。

就像有人所刻画的那样：当世故者与多愁善感的人交往的时候，便将自己装扮成多愁善感的人，说话的时候，眼睛里有时甚至还会泪影模糊；转身同性格多疑的人交际的时候，他又会俨然变得深沉起来，与对方一起分析别人如何有可能损人利己，奉劝对方应当采取何种态度来对付；而同率真直爽的人谈话时，他又会马上变得疾恶如仇，佯装成为朋友打抱不平，两肋插刀的模样。可是，同喜欢息事宁人、凡事调和的人在一起时，又显出老谋深算，久经风霜的样子，把那些正直的举动说成"简单"和"幼稚"，仿佛发生的一切麻烦都是因他的不在场而造成的。逢人迎合不吃亏，是"变色龙"们的秘方。

成熟者直面现实，世故者玩世不恭

成熟者对事敢于发表自己的见解，敢做敢当，有"舍我其谁"的大丈夫气概，通常小事糊涂，大事清楚。

世故者游戏人生，专搞中庸，惯于骑墙。他们与人交往可以谈天说地，但谈论的也只是表面现象，不下结论，迫不得已时也只是有些不言而喻、"大家早已公认"的结论。遇到原则性问题需要分辨时，则不问是非曲直，要不然就是模棱两可，说些无关痛痒的话。与人意见不一致时，就以"无所谓"的态度加以回避。所以，世故者通常不动声色地冷眼旁观一些事情，不惹是非，奉行明哲保身的一套原则。

成熟者奋进，世故者沉沦

成熟者和世故者或许都经历着生活的艰辛、人生的磨难。可是，前者将挫折当成奋飞的起点，重新认识到社会与自我，激进不已；后者则是躬行"先前所憎恶、所反对的一切"，拒斥"先前所崇仰、所主张的一切"，或是干脆对一切都无所谓，企求脱离社会，或许还会同恶势力同流合污。

成熟是人的一种气质，而世故则是人的一种病态。世故的人在交往过程中往往被人们认为太有"心机"。诚则不然，恰恰是没有"心机"的表现。他们让人不敢接近，也不愿意靠近，从而造成了做人的失败。

第二节 人之心胸，多欲则窄

做一个宽容者

我们常说，做人要宽容大度，"宰相肚里能撑船"，这样就可以将大事化小、小事化了，减少很多不必要的麻烦，对人对己都大有益处。

"海纳百川，有容乃大"就是告诉人们为人要"大肚能容，宽厚为本"。人一旦有了狭隘的心理，就不利于与人相处。因此在为人处世过程中我们要维持平和的心态，信奉"为人宽厚，大度为本"的宗旨。

为人宽厚，意思是告诉人们，对那些对不起自己的人，要用不计前嫌的热情对待来代替锱铢必较的有仇必报。这样不但可以彻底消除彼此之间的隔阂，而且还是提升人气的好办法。

为人宽厚，大度为本，这是做人的一种大智慧，古人曾多次运用。

南宋时期有一个叫沈道虔的人，家中有一菜园，种有萝卜。这天，沈道虔从外面回来，发现有一个人正在偷他家的萝卜，他赶紧躲开了，等那人偷够了走后他才出来。又有一次，有人拔他家屋后的竹笋，沈道虔便让人去对拔竹笋的人说："这笋留着，可以长成竹林。你别拔它了，我会送你更好的。"他让人买了大笋去送给那个人，那个人十分惭愧，没有接受大笋，沈道虔就又让人将大笋直接送到了那人家里。沈道虔家贫，经常带着家中的小孩去田里拾麦穗。偶尔遇上其他拾麦穗的人相互争抢麦穗，他就将自己拾到的全部送给争抢的人，令争抢的人顿时感到非常羞愧。

曹操的曾祖父曹节素以仁厚闻名乡里。有一次，邻居家的猪跑丢了，而这头猪和曹节家里的猪长得几乎是一模一样。邻居就找到曹家，说那是他家的猪。曹节也不与他争辩，就将猪给了邻居。后来邻居家的猪找到了，知道弄错了，就把曹节家的猪送还了回来，连连道歉，曹节也只是笑笑，并没有责怪邻居。

故事中的沈道虔和曹节从表面看来，忍让了事，甚至显得软弱无能。可实际上，却显示出了他们宽大厚道的为人。偷萝卜、拔笋、争麦穗，是自私自利的行为，但也是人穷家贫的无奈，何必深责？替他人掩藏几分，反倒能让他们自悔改过。邻居错认猪，尽管有自私的一面，但是丢了猪对一般人家来说毕竟是大损失，情急之下错认，也是情有可原。一心为他人着想，宁可自己吃亏，这正是胸襟宽阔、与人为善的体现。

用宽容打开你的世界

大度能容，宽厚待人，对社会交往起到了良好的推动作用。人在

智慧与人生——聪明人生的方向

社会上闯荡，怎么能不与别人发生冲突、产生矛盾呢？在冲突与矛盾面前，假如能像大肚弥勒佛一样"容天下难容之事"，以大度的态度去面对别人，随着时间的推移，对方对待你的态度终归也会改变，这样双方的矛盾不就解决了吗？

在受到他人误解、与人因冲突产生隔阂时，应该有"单恋"的精神。不要因为对方对待自己的恶劣态度，而改变自己宽厚待人的原则，要始终以友好的方式对待对方。只有这种"单恋"的做人态度，才能唤醒对方的良知，这样的说法不无道理。

在三国时期，东吴老将程普因为一些原因与周瑜不和，双方关系相当紧张。周瑜并没有因程普对自己不友善，就"以其人之道，还治其人之身"，反而把程普的过错全部包揽在自己宽大的度量中。

久而久之，程普被周瑜的宽容大量感动，对周瑜钦佩不已，从此与周瑜交往若"饮醇醪，不觉自醉"，意思是和周瑜交往就像是喝了又浓又醇的美酒，让人不知不觉就沉醉了。

由此可见，为人宽厚，大度容人，是促进人际关系和谐发展、解决矛盾和冲突的一服良药。

当然，宽厚与大度都要建立在一定的基础之上。这要求我们在与人交往的过程中，一定要摒弃个人的私欲，不能被自私自利的想法控制了思维，为了自己的一己之利而和他人争得面红耳赤，也不能为了炫耀自己而伤害了他人。同样道理，当那种"报复之心"、"妒忌之念"作祟时，更应该及时消除，不能让它们在自己的脑海中残留。而要想做到宽厚待人，还必须要有忍让的精神。无缘无故受到委屈时，只要不伤大雅，就让它过去，林语堂说："不争，乃大争；不争则天下人与之不争。"忍让，是大智大勇的表现，是一种美德，更是一种修养。

第三节　安身立命，以德为本

以德服人，方能赢得大众口碑

以德立身是做人的最高境界，一个拥有崇高德行的人，即便在物质上一无所有，也会处处受到他人的拥护和爱戴。

人的品行德行就是"德"，自古"才"与"德"并重，形容一个完美的人最恰当的词语就是"德才兼备"。

一个品行不端、德行恶劣的人很难结交到真正的朋友，也难以获取长久的事业成功。因为这种人不是搞一锤子买卖，就是过河拆桥；这种人在家庭中，也会做出败坏道德的事情，极有可能造成亲人的痛苦和不幸；他们甚至还可能因为某种利益的驱使，最终而落入法网……

要想走向成功，就需要以德立身，这是一个成功者必须遵循的内在准则。没有这个内在的原则，人生之路就会失去平衡，最终导致失败。

但必须要了解，以德立身，还要以自律为前提，一味地讲究"哥儿们义气"并不在以德立身的范围之内。俗话说得好，"近朱者赤，近墨者黑"，在社会上，损友最终会成为自己成功路上的定时炸弹。

比如，明知这笔贷款不合手续，可因为对方是朋友，所以大开绿灯；明知这个项目不能担保，可因为应朋友的委托，所以还是办妥了……诸如此类的违法案件多数发生在年轻人的身上。他们重视朋友，讲究义气，交往中自以为很了解对方的底细，因此在合作中绝对信任对方，毫无防备，不能办的事也不好意思拒绝。这样，如果被没有道德的人利用，必然会毁了自己的前程。

越成熟越能理解

以德立身贯穿于每个人人生的全部过程，是一个人做人最根本的原则。在人生的不同阶段，道德对于人的要求虽有着不同的变化，每个人体验和经历的内容也不一样。可是，"以德立身"的人生支柱是不能改变的，它对每个人的人生大厦起着支撑作用的定律也是不变的。

富兰克林是美国资产阶级革命时期的民主主义者、著名的科学家，一生都受到人们的爱戴和尊重。可是，谁又能想到，富兰克林在年轻的时候，性格非常孤僻，根本无法与人合作，做事也时常碰壁。

但是，富兰克林很聪明，也懂得从自身找原因，所以他在失败中总结经验，为自己制定了13条行为规范，并严格地遵照执行，很快他就为自己铺就了一条通向成功的道路：

（1）节制：食不过饱，饮不过量，不因为饮酒而误事。

（2）缄默：讲话要利人利己，避免浪费时间的琐碎闲谈。

（3）秩序：把所有的日常用品都整理得井井有条，把每天需要做的事排出时间表，办公桌上永远都不零乱。

（4）决断：下决心完成你要做的事，必须准确无误地完成你定下的计划，无论什么情况都不要轻易改变初衷。

（5）节约：除非是对别人或是对自己有什么特殊的好处，否则不要乱花钱，不要养成浪费的习惯。

（6）勤奋：不要浪费时间，永远做有意义的事情，拒绝去做那些没有多大实际意义的事情，对于自己人生目标的追求永不间断。

（7）真诚：不做虚伪欺诈的事情，做事要以诚相待，以公平正义为出发点，如果你要发表见解，必须有理有据。

（8）正义：不做任何伤害或是忽视别人利益的事。

（9）中庸：避免极端的态度，控制对别人的怨恨情绪，尤其要克制冲动。

（10）清洁：不能忍受身体、衣服或是住宅的不清洁。

（11）镇静：遇事不要慌乱，不论是普通的琐碎小事还是不可避免的偶然事件。

（12）贞洁：要清心寡欲。绝不做任何打扰自己或是别人安静生活的事情，也不做任何有损于自己和别人名誉的事情。

（13）谦逊：要向耶稣和苏格拉底学习。

其实，道德没有统一的标准，德行的前提就是尽量帮助别人，做有利于自己和他人的事情，而不是损人利己。这看似无"好处"可得，可却是人品博弈中一种处世的策略。

第四节　厚德载物，以诚服人

让诚信成为你一生的标签

无论在哪一个领域，诚信永远是一笔无形的财富，是一个人立身处世的根基。人损失了钱财，可以再赚回来，可一旦丢失了诚信，必将会成为孤家寡人，举步维艰。

任何一种成功，都不可能是单凭一个人的力量和能力完成的，所以就需要团队的支撑。人要讲信用，才会在社会上吃得开，别人才会信任你，你的人气才会兴旺，人气兴旺事业自然会昌盛。所以，诚信是人立足社会之本，也是一个人做大事的宝贵资本。

香港富商李嘉诚曾经告诫他的儿子说："当你什么都不能留下的时候，只需留下诚信，凭这一点，你就可以东山再起。"韩国现代集团的郑周永也是这样的践行者。

郑周永是一个白手起家最终成为韩国首富、世界顶尖富豪的传奇人物。郑周永不但经商有道，而且在他弃商从政以后，也成为世界瞩目的新闻人物。毫无疑问，郑周永是个值得人们学习的典范，特别是对现代商人而言更是如此。

在郑周永弃商从政的1991年，现代集团的销售额达到510亿美元，居世界工业公司的第13位，资产总额达900亿美元，居世界工业公司自有资产额的第2位。郑周永的个人家产，据他自己说是40多亿美元，可是权威人士估计达65亿美元。

1915年，郑周永出生在一个破落的书香之家，他是家中最大的孩子，下面还有7个弟弟妹妹。因为人口多，生活又很贫困，10岁的时候，他便开始一面读书一面参与繁重的劳动。

1933年，18岁的郑周永到汉城（现首尔）一家米店当伙计。因为他的正直勤劳，身患重病的米店老板就将店铺交给他全权管理。

当了店老板的郑周永先后把父亲及全家20多人接到了汉城（现首尔）。

1947年他创办现代土建社。在这个基础上，他于两年后把土建社发展为现代建设公司。

1950年初，郑周永的现代建设公司已初具规模，成为一家拥有3000万韩元资产的中型企业。同年6月朝鲜战争爆发，他的得力助手、二弟郑仁永劝他携款回老家避乱，但他却南下逃到釜山。釜山当时是韩国政府的南迁地，因为战争原因，急需建房屋与军营，且所出费用昂贵。郑周永抓住这一机会，先后至少承建了300栋军营。造价只需20多万元一栋的房子，得到的承建费用却在100万韩元以上，他大赚了一笔。

能拿到军营的承建权，与郑周永平时做生意讲诚信是密不可分的。战争年代，人心惶惶，更需要诚信，郑周永因此捡了个便宜。可是，讲诚信有时是要付出代价的，1953年郑周永承包釜山洛东江大桥的修复工程，就亏了大本。

承包到洛东江大桥的修复工程后，物价不断上涨，偶尔下降，幅度也不大，加上汹涌而至的洪灾提前到来，冲走了大批准备好的修桥材料。开工后一算总费用，比签约承包时的预算要增加4倍。这就意味着完工后不但赚不到一分钱，还要赔上7000万至8000万韩元。

郑周永进退维谷。怎么办？是建还是停？在他面前有两条路：一是停止修建，宣布公司破产，以保住昔日的积蓄；另一条路是冒着亏血本的代价硬挺下去，这样就可能会把过去的积累全部赔光。

为了"现代建设"的信誉，郑周永偏向了坚持下去的做法。对于他的这一决定，当时他的亲友和公司的一些管理人员都表示不可理解，有的直接站出来表示反对。但为了捍卫"现代建设"的诚信度，郑周永顶住了压力，义无反顾地做了下去。他将自己所有的资金赔进去了，又变卖了十几年积累下来的全部值钱的家产，投入到洛东江大桥的修建工程上。

1955年洛东江大桥准时修建完成，经权威机构检测，质量达到一流水准。郑周永终于松了一口气，摸摸自己的口袋，这时他才意识到自己已经成了一个穷光蛋。

虽然郑周永变成了穷光蛋，可是洛东江大桥像一幅杰作，成了郑周永无形的"招牌"。它为郑周永赢得了社会信誉，光大了"现代建设"的名声，也赢得了韩国政府对他的充分肯定。

从60年代中期开始，现代集团进军交通制造业。1967年现代汽车公司建成，现在现代的汽车已成为世界名牌。1972年现代造船重工业公司的蔚山造船厂和两艘26万吨级油轮的船坞同时开工，郑周永又赢得"造船大王"的美誉。

常言道"黄金有价玉无价"。人的诚信、品格就像玉一样，纯度越高，品相就越好，也就越值钱。郑周永的成功就很好地证明了这一点。

诚信之人才是能结交的朋友

以诚待人是一种美德，真诚地对待他人，才能赢得别人的信任。而诚信是做人的基本原则，"人无信则不立"，只有坚守诚信，才能让别人信服。

心理学家认为，每个人的内心深处都有隐蔽的一面，同时，又有敞开的一面，渴望获得他人的理解和信任。然而，开放是定向的，即向自己信得过的人开放。所以，要想得到别人的认可，在别人眼中树立自己良好的形象，就要以诚待人，讲求信义。

以诚相待，才能够获得别人的信任。以一个开放的心灵换得一位用全部身心帮助自己的朋友，这就是用真诚换来的真诚。倘若人们在人际的博弈中，能够用真诚代替防备、猜疑，会取得意想不到的效果。

用诚心对待人，要坦荡无私、光明正大。一旦发现对方有缺点或是错误，尤其是和他的事业关系密切的缺点和错误，要及时指出，监督他立即改正。虽然人人都不喜欢被批评，但被批评者一旦意识到批评者确实是为自己着想时，一般都能理解接受，这样彼此的心灵得以沟通，友情方能得到长足地发展。

当然，当你献出赤诚之心时，要先看看站在面前的是什么人，不应该对不可信赖的人敞开心扉。否则，就会适得其反。

历来人们都主张知人而交，对不是很了解的人，应有所戒备，对已经基本了解、可以信赖的朋友，应该多一些诚心，多一些信任，少一些猜疑，少一些戒备。

我国著名的翻译家傅雷先生曾说过："一个人只要真诚，是总能打动人的，即使人家一时不了解，日后也会了解的。"又说："我一生做事，总是第一坦白，第二坦白，第三还是坦白。绕圈子，躲躲闪闪，反而叫人产生疑心。你要手段，倒不如光明正大，实话实说。只要态度诚恳、谦卑、恭敬，无论如何人家也不会对你怎么样。"

"君子之道，淡而不厌"，君子之交之所以能够淡而不厌，多半也在于"真诚"二字。

人和人的交往最为重要的是真诚，以诚相待是种难能可贵的美德。

这所谓的"诚"既有真诚之义，又包括做人讲诚信。做人讲信用，这是做人的一个基本准则。说出去的话泼出去的水，覆水难收，

做人言而有信，那么做事就有了一种人格力量来承担。

　　"季札挂剑"的故事很有名，讲的就是做人要讲诚信。

　　季札是春秋时期吴国的公子，德才兼备，闻名天下。有一次他出使别国，路过徐国，与徐国国君会晤。席间，徐君看到季札腰间的宝剑，赞叹不已。季札考虑到自己还要出使别的国家，而佩剑是使者的必备之物，不能送人，当时就没有表态。

　　等他完成出使的任务回国时，又经过徐国，他想将那把宝剑送给徐君，可是徐君却已经去世了。季札十分惋惜，他来到徐君的墓前，把宝剑挂在墓前的树上，以兑现自己心中的承诺。

　　汉朝时，有一个叫陈寔的人，为人耿直，为官清廉，深受百姓的爱戴和好评。

　　有一次，他与一个友人会面，酒足饭饱之后，两人决定一同出游。他们约定，次日午时在陈寔家门前的大槐树下见面。他们还在槐树前立了个高高的树杆，以表示各自的诚信。之后，两人才拜别。

　　第二天，陈寔提前来到了树杆前。等了一段时间后，眼看着树杆底端的黑影渐渐东斜，午时已过，可是还未见友人的踪迹。这时，陈寔猜想友人是另有他事而不能同行，或许是已经提前出发了，就先行上路了。

　　可是，就在陈寔走了之后，他的朋友到了。左看右看，却不见陈寔的影子，当即就气不打一处来，非要到他家去看个究

智慧与人生——聪明人生的方向

竟，问个清楚。他刚走到陈寔家门口，看见陈寔的长子正在家门口玩耍。于是他便指桑骂槐，像是自言自语地说道："真不是人哪！跟人约好一块儿出门的，却又不等人。"

等这位友人数落完后，陈寔刚满七岁的儿子小陈纪说："您与我父亲约定在午时，午时不来，就是无信；对孩子骂他的父亲，就是无礼！"

那友人当即十分惭愧，想下车解释，可小陈纪却头也不回地进屋去了。

为人要真诚，做人要讲信用，诚心、诚信是一种无形的财富，需要人们精心维护，慢慢积累。倘若你虚情假意、对人不诚心，或是"言而无信"，不讲信用，仅仅一次虚假或者一个不讲诚信的细节，就会把长期积累的信用挥霍一空。

第五节　欺骗的终点是死胡同

不要被自己的小聪明蒙蔽

欺骗只是一时的，诚信才是一世的。依靠欺骗混世的人，不但成不了大器，甚至会把自己的前途断送掉。只有以诚为本，才能取信于他人。

大家都知道诚信对于一个人的人品的重要性，可是偏偏有那么多人经受不住利益的诱惑，做起了坑蒙拐骗的勾当。西方有句名言："你可以在所有时间欺骗某些人，你也可以在某些时间欺骗所有人，但是你却不可能在所有时间欺骗所有人。"

不要为暂时的成功欺骗而沾沾自喜，那是魔鬼早就为你准备好的索命绳索。遗憾的是，偏偏就有那么多人挤破了头往里面钻，而且前仆后继，乐此不疲。

以"傻子瓜子"起家的年广久，就是因为贪图小利，欺骗消费者，将顾客当作"傻子"来对待，最终搬起石头砸了自己的脚。

曾几何时，提起"傻子瓜子"来，是无人不知，无人不晓。可是现在，再向人打听"傻子瓜子"，已经没有多少人知道了。究竟是什么原因导致了这个名噪一时的公司悄无声息地倒闭了呢？这还得从他们的老板年广久将消费者当"傻子"说起。

1982年，自称9岁就开始学习"经济学"的年广久，突然宣布他的"傻子瓜子"要大幅降价，幅度为26%，这对几十年不变的瓜子价格体系造成了巨大的冲击。这一举动发生在改革刚刚起步的日子里，引起了人们极大的兴趣。大家一下子把焦点集中对准了"傻子瓜子"，当时也算名牌的"胡大瓜子"很快便被"傻子瓜子"压下了势头。"傻子瓜子"一炮走红，风靡一时，成为中国老幼皆知的"营养食品"。

到了1984年，生产"傻子瓜子"的炒货店与国有经济联营，组建公私合营的傻子瓜子公司。"傻子瓜子"一时间春风得意，形势一片大好。倘若傻子瓜子公司从此能够在抓质量、抓管理方面入手，进一步寻求发展，那么它的前途将是光明的。可是"傻子"开始找"捷径"了。这一"捷径"最终将企业导上了错误的航向，直到最后的没落。

1985年，傻子瓜子公司搞了一次全国范围内的"傻子瓜子"有奖销售活动，每买1公斤瓜子赠奖券一张，凭奖券兑现奖品。这在当时不能不算是产品促销的高招。霎时间，公司门前车水马龙，盛况空前。全国各地来函来电，来人来车，纷纷购买"傻子瓜子"以赢得奖品。如此一来"傻子瓜子"在有奖销售的第一天就售出了13100公斤，最好时一天卖出了225500公斤，这简直是前所未有的瓜子销售纪录。

可是这一销售成果是以傻子瓜子公司"犯傻"为代价的。这些用于有奖销售的瓜子中间，有相当数量是公司从外面采购的非经自己制造和检验的熟瓜子。这是"傻子公司"为凑足销售分量，从别的公司大量购买的熟瓜子。然后，这些瓜子被贴上"傻子瓜子"的商标去有奖销售。但是在这些外购的瓜子中，有许多都低等劣质，是假冒伪劣产品。

消费者是骗不了的。傻子瓜子公司这一看似聪明、实则犯傻的投机倒把行为迅速引起了消费者的强烈愤慨，大家纷纷要求退货。

更糟糕的是，正当"傻子瓜子"有奖销售活动刚刚"满月"的时候，政府发布公告，禁止所有工商企业搞有奖销售的促销活动。这样一来，一下子就将"玩巧"玩儿露馅的傻子瓜子公司置于死地。它所有售出的奖券一律无法兑现，各地消费者纷纷要求退货，瓜子大量囤积，银行催还贷款，再加上公司又打了几场官司，一下子亏空了150多万元，随之公司的信誉降到了最低点。

　　事情到这一步已经充分说明欺骗消费者，搞投机倒把的违法生意是不会有好下场的。可是，傻子瓜子公司似乎傻到了不能觉醒的地步。

　　在"傻子瓜子"名气即将损失殆尽之时，他们不是想着如何去挽回名誉，东山再起，反而是继续干欺骗消费者的勾当。在这批积压的瓜子中，大部分是陈腐变质的瓜子，是绝对不能再拿到市场上销售的。可是年广久竟然打着"为了让国家减少一些损失"的招牌，对这些劣质陈货采用了加工后再销售的办法进行处理。更有甚者，干脆原封不动地把这些变质瓜子拿出去卖。在之后的两年中，傻子瓜子公司共销出这些劣质瓜子10万公斤。他们把这些瓜子以低价卖出，并且绝大多数卖到了农村，去骗那些消息闭塞的农民。

年广久不论怎样投机，怎样"巧妙"骗人，终究还是会被人看穿的。而他被人识破之时，也就是他的公司走到尽头之时。年广久起初是欺骗了一些人，但最终没能在所有时间欺骗所有的人，从而吞下了自己酿成的苦果。不讲诚信，欺骗消费者的行为让曾经名噪一时的"傻子瓜子"彻底退出了历史舞台。

舍得舍得，有舍才有得

一、吃亏是福

我们常常听到人说："吃亏是福"，或许有些人会觉得这简直就是在开玩笑，凭什么我要吃亏？或许有些人会采取一笑而过的态度，吃亏也好，不吃亏也罢，总会因果循环。其实什么叫"吃亏"？这里所说的并非是我们狭隘定义中，损失了一定物质财富的吃亏，更多的是一种精神层面上的定义，或许把这种"吃亏"说成"奉献"更为恰当。

二、奉献精神

奉献的同时也是在收获。假如你播种了奉献的种子，那么，奉献的果实必然也会回馈给你。而且，你奉献越多，收获的就越多，它能让你的财富增值。

只要我们把自己奉献给他人，爱对我们而言便是唾手可得的。我们把爱给予他人，就会因此得到更多的爱。

生活中有很多人在无私奉献着，用大多数人的话来说，他们在做吃亏的"买卖"，可是就是这种"吃亏"的奉献精神却为他们带来了不可估量的巨大精神财富和物质财富。

一个人倘若能够不断地独善其身并兼济天下，那就说明他已经明白了人生的真谛。那种精神不是金钱、名誉、赞美所能比拟的。唯有拥有奉献精神的人才会取得真正的成功，而奉献也正是一个人成功价值的最佳展现。

拥有奉献精神，常常能够让人创造出奇迹，因为有了这种奉献精神，可以让人达到新的人生高度。有了敢于付出、乐于奉献的奋斗精神，就可以焕发出让人难以置信的能力，从而改写一个人的命运，甚至使一个身无分文的人成为传奇人物。

1933年，经济危机笼罩了整个美国，大小企业纷纷倒闭，那些尚存的企业也是如履薄冰，谨慎小心。而就在这种危机重重的时刻，哈里逊纺织公司发生了一起大火灾，整个工厂成为一片废墟。3000多名员工回到家中待业，悲观地等待着老板宣布破产的消息和失业风暴的降临。

在漫长的等待中，员工们收到了老板的第一封信。信件没提任何条件，只通知每月发薪水的那天，照常去公司领取当月的工资。

在整个美国经济一片萧条的时候，能有这样的消息传来，令员工们大感意外。他们纷纷写信或是打电话向老板表示感谢。老板亚伦·傅斯告诉他们，公司即便损失惨重，可是员工们更加辛苦，没有工资他们就无法生活，所以，哪怕他能弄到一分钱，也要发给员工。

3000名员工一个月的薪水该是多么庞大的一笔巨款呀！纺织公司已经化成一片废墟，别说是处在经济萧条时期，就是在经济上升时期也很难恢复元气。既然恢复无望，亚伦·傅斯还要自掏腰包给已经没有工作的工人发工资，那不是愚蠢的行为吗？当时，曾有人劝傅斯，你又不是慈善机构，也不是福利机构，这时候，你不赶紧一走了之，却还犯傻给工人发工资，真是疯了。

一个月之后，正当员工们为下个月的生计犯愁的时候，他们又收到老板的第二封信，信上说再支付员工一个月的薪水。

员工们接到信后，无不感到意外和惊喜，更是感动得热泪盈眶。在失业席卷全国，人人生计无着，上着班都拿不到工资的时候，能得到如此的照顾，谁能不感激老板的仁慈与善良呢？第二天，员工们陆陆续续走进公司，自发地清理废墟，擦洗机器，还有一些甚至主动去南方联系中断的货源，寻找好的合作伙伴。

三个月后，哈里逊公司重新运作了起来，这简直就是一个奇迹，这个奇迹是员工们共同努力奋斗，恨不得每天24小时全用在工作上，日夜不停地奋斗创造出来的。

就这样，亚伦·傅斯因为他的奉献精神，让自己的事业起死回生，然后又蒸蒸日上。现在，这个公司已经成为美国最大的纺织公司，分公司遍布五大洲，60多个国家。

"奉献"在你与他人之间不停地循环运转，你为他人做出了奉献，迟早会有收获的那一天。

三、奉献让更多的人团结起来

真正的成功者，都是乐于奉献的，他的一切作为都不存私心，只求竭尽全力做好一切。像钢铁大王卡内基，将自己一生的资产都捐给了图书馆；一代"捐钱大王"洛克菲勒，将赚到的钱通过设立基金和建造大学的形式都散了出去；著名企业家福特，怀着要让普通大众都开上汽车的奉献精神，终于让汽车开进了普通美国家庭；香港著名企业家李嘉诚，十几年如一日，几乎每年都向内地捐助一亿港元以上的资金，帮助祖国举办公益事业……

这些世界级的富翁都有着伟大的奉献精神，他们用奉献精神展现出了自己的成功价值，让国家、世界都受益。通过无私的奉献，他们得到的是恒久的成就感。这样的人，才是真正的成功者。

在生活中，我们每一个人都可以奉献爱心。当别人碰上了困难的时候，你伸出援助之手去帮助他，哪怕只是一丁点儿力也好，只要尽了自己的一份力，即便微不足道，也会有很大的意义。因为这可能会让他感到人间的温暖，重新对人生充满希望。千万不要袖手旁观，要知道，一句暖人心扉的话，一份富有爱心的赠予，都是奉献，它不在多少，而在于你做了没有。

你要相信每个人都有着与生俱来的成为成功者的潜质，只要迈出那奉献的一步，你就能转变自己的人生，就算一时看不到成果，但日后必能让你走向成功。

第六节　遵分享之道，受益无穷

独乐乐不如众乐乐

与人分享的过程实际上就是一个放大自己快乐的过程。学会分享，你就能够进入快乐的城堡，而独享绝不会有这种快乐的体验。懂得与人分享，才算懂得快乐的真谛。

人生活在这个世界上，每时每刻都在与他人共同分享着。分享着太阳温暖的光芒，分享着星辰闪烁的光辉，分享着鲜花芬芳的味道，分享着四季的变化，分享着音乐的悠扬和山河的壮美，分享理想的浪漫和现实的绚丽……要分享及能分享的实在是太多太多了。

我们做人不能太自私，在博弈中，要想取得利益的最大化，许多时候要与人合作，同他人共享。与人分享，是一种做人的境界，也是一种博弈的智慧，它不但能够丰富你的人生，还会帮你打开迈向世界的一道道门、一扇扇窗，让阳光洒满你的心灵。

在一个村庄里，一个果农经过长时间地钻研培植了一种皮薄、肉厚、汁甜而少虫害的新果子，为此吸引了不少果贩前来收购，这为他增加了不少的收入。村里的人们看到他的新品种卖得很好，就想要一些他的种子来种，却被果农拒绝了。果农想：所谓物以稀为贵，倘若家家都种上这种果子，那势必会影响到自己的生意，肯定不划算。

到了第二年，果农发现自己果子的质量大不如从前，很多人都不再购买他的果子了，果农检查了所有的种植环节，却找不出原因，只好去咨询专家。专家到他的果园调查后对果农说："你种植的环节都没有问题，但是如果你想让果子达到原来的效果，就必须在附近地区都种上这种产品。"果农迷惑地看着专家，专家又说："由于附近种的是果子的旧品种，而只有你的是改良品种，在开花授粉时，新品种和旧品种一杂交，你的果子自然就变质了。"

果农听了恍然大悟，于是将自己的新品种分发给乡邻，大家都有了好的收成。这样他不仅自己获得了财富，也帮助别人获得了财富，个个都欢欣雀跃。

人们常说，"施恩于人共分享""赠人玫瑰，手有余香"。早在几千年前，孟子问梁惠王："独乐乐，与人乐乐，孰乐？"梁惠王答："不若与人。"孟子又问："与少乐乐，与众乐乐，孰乐？"梁惠王答："不若与众。"许多人在小的时候，假如有一个好的玩具或是一本好看的小人书，都会迫不及待地拿出来，与周围的小朋友一起分享，可是长大后却忘了"独乐乐不如众乐乐"的道理。

生活的美好就在于分享你的快乐

再好的美酒，一个人独享终究是乏味的，唯有与人分享，才能让其美味唇齿留香。与人分享，是一种境界，更是一种博弈的智慧。与人分享自己的成功经验，会让更多的人收获成功；分享一项科学发明，会蓬勃一个行业；分享一种新锐的思想，会增加一代人的智慧；分享爱、分享劳动、分享喜悦甚至是分享痛苦，在予人方便的同时，你的物质财富、你的经验、你的思想，在分享中都能得以升华。

人应该学会去分享，学会简单的快乐，将自己的东西主动拿出来和别人分享。分享能把温暖和快乐传递给他人。与人分享快乐，你的快乐就会加倍；与人分享幸福，幸福也会加倍；与人分享成功，你就会加倍成功。分享如同三月的阳光，冬日的炭火，能温暖人的心房，拉近彼此的距离。分享有如此多的好处，我们又何乐而不为呢？

当你拥有6个苹果的时候，你会独自将它们吃掉还是愿意把其中的5个与他人分享呢？假如你独自享用，你也就只能吃到这6个苹果而已。但是，倘若你与他人分享，看似你现在吃亏，可实际上你却能够收获到他人的友情。当他们有东西时，也自会与你分享，你就可能得到另外5种不同的水果，尝到5种不同的味道，这样还吃亏吗？懂得与人分享是一种大智慧。古人早已懂得财聚人散、财散人聚的道理，学会分享并不意味着自己失去什么，与此相反地会获得友情、知识，也收获了快乐。正如培根所说："一份忧愁与人分享之后你将得到二分之一的忧愁，一份快乐与人分享你将得到双倍的快乐。"与人分享的过程其实就是一个放大自己快乐的过程。

人生可以说是千姿百态、色彩缤纷的。每个人都走着不同的人生路，有的曲曲折折，充满了是是非非；也有的一路畅通无阻，充满鲜花掌声。但无论是怎样的人生，生活在这个世上，就没有人能不去分享，分享自己的，分享他人的。也正是有了分享，人才能越过路上的坑坑洼洼，跳过路上的种种陷阱，并踩在先驱者的肩膀上，更快地登上成功的顶峰。

第 4 章
水随器而圆——处世的智慧

处世是一种艺术，是一种哲学，也是一种功夫。善处世者，无论在任何环境之下，仍能逍遥自在，怡然自得、淡然自安、欣欣自乐。正所谓"君子素其位而行，素富贵行乎富贵，素贫贱行乎贫贱，素夷狄行乎夷狄，素患难行乎患难，无入而不自得"者也。

第一节　面子不等于尊严

自尊并非是脸皮薄

面子的真正内涵应该是做人的尊严、成功的尊严，让人敬佩的人格尊严，这才是我们需要追求的。

脸皮是什么？脸皮是不好意思，脸皮是做事的阻碍，脸皮是生怕事情传到外面让人无法面对。为了成就一番事业，这种脸皮有时还是不要的好。当然这不是让人学着厚颜无耻，而是让人扫除心里的一丝恐惧和交流障碍。

第一次面试没能成功，就不敢第二次走进这个门，因为总觉得见到熟人不好意思开口；第一次合作谈判毁约在先，即便有些后悔，但因为不好意思而没法开口进行第二次合作；屡次考试没能考出好成绩，就不敢和人说实话，觉得丢人，实际上，倘若实话实说，或许还能从别人那里学到一些"秘诀"……诸如此类的脸皮问题，数不胜数，这的确是摆在人成功面前的阻碍。

当你第一次面试没能成功时并没有人会说些什么。倘若第二次、第三次面试没能成功，人们也只会敬佩你，而不去看你的失败，或许还会将之当作一种美谈；倘若你和别人合作谈判毁约，应该马上意识到这是一种失策，如果能够坦然面对并努力促成第二次合作，别人就会翘起大拇指称赞你；倘若你屡次考试不通过，但最终通过自己的努力和老师的帮助取得了好成绩，在别人的眼中，你就是个毅力非凡的人……这就是脸皮与尊严的关系，说了这些以后，你就应该明白了，你到底是要脸皮还是要尊严。

想要成功就需要"不怕丢脸"的精神

李阳如今已经成为中国的大名人，还上了2002年的春节联欢晚会，真是风光得很。可是许多人或许并不知道，李阳今日的成就很大程度上得益于他的"厚"脸皮！

李阳的过去是令他"不堪回首"的记忆：他少年时代是一个非常内向的人，用最常见的话说叫"怕生"。他已经十几岁了，亲戚朋友还不知道李家有这样一个孩子，用"丑小鸭"一词来形容他是最恰当不过的。例如只要听到电话一响，他马上就会躲起来，他看完电影之后，父亲总是要他叙述电影的内容，为了不继续这种他不愿意做的事情，他宁愿多年不看自己喜欢的电影。

有这样一个典型的事例：有一次他患了鼻炎，父母将他送到医院去治疗，在进行电疗的时候，医生不小心漏电烧伤了他的脸。因为害羞，他忍住痛苦，一直没有告诉别人，至今脸上还有一块小伤疤。

他说，小时候最害怕的事情就是自己完成不了作业。他经常被老师罚站，每次都只好低头认错，可是第二天又历史重演。

值得庆幸的是，尽管李阳多次向父母提出退学，但都没能得到允许，勉强熬到了高中毕业，居然还考上了兰州大学力学系。但是即便是在大学里，李阳还是浑浑噩噩的，没有改变自己的形象。根据学校的规定，旷课70节就要被勒令退学，可是他很快就超过了100节，因此他差点被兰州大学开除学籍。

那么，李阳的英语是不是特别好呢？

并不是！谁能相信今天的英语教育专家曾经是连"60分万岁"都做不到、经常要补考才能过关的人……

大学二年级的时候，他必须参加全国英语四级考试，否则学位证书就岌岌可危了。读大学为了什么？不就是弄一纸文凭吗？可是过不了四级……

这次他被逼上了梁山，不得不打起精神，每天早上都去学习英语。他本来就是一个懒散惯了的人，如今却要集中精神，那可不是一件容易的事情。为了集中精神，他每天在校园内都扯开嗓子大声背诵英语。这一声大喊不要紧，却喊出了李阳的灵感。这样不仅不容易思想开小差，效果还相当不错！

他就这样"吼"了几个星期，居然还"吼"出了自己的信心！

胆量出来了，他就去了学校的英语角，说出来的英语居然还像模像样的。知道他底细的同学都感到非常震惊，急忙向他"讨教"怪招！李阳此刻已经隐隐约约地感到了这或许就是一种奇妙的办法，虽然说不出个所以然来，但是他决心这样做下去。

从此以后，只要一有时间，无论是刮风还是下雨，李阳就像个疯子一样在烈士亭等地方大喊大叫。有时候，为了增强自己的胆量，他居然穿着46号的特大美国劳工鞋、肥大的裤子，戴着耳环，在全国重点大学兰州大学的校园里声嘶力竭地喊叫。

无论别人怎么看他，他就是我行我素。就这样，他复述了10本左右英文原著，在四级考试中获得了第二名的好成绩。

最令他恐惧的英语为他带来了成功的荣誉，他的"疯狂"故事就这样走出兰州大学，走出甘肃，走向全国！

李阳有句"格言"："I enjoy losing face!（我喜欢丢脸!)"李阳的经历就是一个放下脸皮的过程。

李阳本来是天生的内向，是一种自我封闭的性格。为了挑战自我，他以英语为介质，迈出了成功的一步。他将自己学习英语的心得体会写成了四十多页的演讲稿，准备拿到演讲场里去。美国社会学家曾经进行过这方面的调查，世界上人们最恐惧的就是当众讲话。李阳很想突破自我，所以他决心去演讲，面对全校的人，他请同学帮助自己将海报贴出去，说是有一个叫李阳的人要搞一个英语的讲座。

那天晚上，李阳简直紧张得不能呼吸，可是他还是上台了。虽然惴惴不安，可是他最终还是坚持下来了，而且演讲获得了意想不到的成功！李阳就这样讲出去了，一讲就是几十场，因此成了校园名人。

面子的博弈不在于一时的虚荣，李阳虽然丢掉了薄薄的脸皮，但

换回了尊严，人们关注的也都是他成功的一面。于是疯狂英语迅速风靡全国，而李阳也成了家喻户晓的名人。

可见，面子的博弈，也是一个自我挑战的过程，你是否能够放弃脸皮，抛弃恐惧，这决定了你是否能够迈出成功的第一步。许多时候，不是你不能为之，而是你总害怕别人的"嘲笑"，害怕丢了脸皮而不敢越雷池一步，从而扼杀了自己身上的成功种子。

第二节　不怕撞南墙只怕不回头

很多人之所以找不到正确的方向，是因为固执地一条道走到黑。其实，生命并非只有一处走向成功的出路，撞了墙就及时回头，或许你才能够看到另一番灿烂的景象。

生活中，我们经常一面埋怨人生的路越走越窄，看不到成功的希望；一面却又固守成规、不思改变，习惯在老路上继续走下去。

美国康奈尔大学威克教授曾做过这样一个实验：一只敞口玻璃瓶，瓶底朝着光亮一方，放进一只蜜蜂，蜜蜂在瓶中反复朝着有光亮的方向飞，它左冲右撞，努力尝试了好几次，都没能飞出瓶子，可它就是不肯改变突围的方向，仍旧按照原来的方向去冲撞着瓶壁。最后，它耗尽了气力，奄奄一息了。

然后，教授又放进了一只苍蝇，苍蝇也朝着有光亮的方向飞，突围失败后，又朝着各种不同的方向飞去，结果最后终于从瓶口中飞走了。

这个实验充分说明：博弈的双方采取的策略和思维不相通，就会带来不一样的效果。成功在于思维的转变，世界上没有不犯错误、不经历考验、不面对失败的人，重要的是一条路走不通的时候，要赶紧转过身去寻找另一条出路。有时候在困境面前，改变一下思路，一切就峰回路转、柳暗花明了。许多成功者的事例都证实了这一点。

蒲松龄，早年参加科举考试时，因为当时科举制度还不完善，科场中贿赂盛行，舞弊成风，他四次考举人都名落孙山。蒲松龄志存高远，没有因为落第而悲观失望，相反，他另辟蹊径，放弃从官之路，立志写一部"孤愤之书"。他在压纸的铜尺上镌刻一副对联，联云：有志者，事竟成，破釜沉舟，百二秦关终属楚；苦心人，天不负，卧薪尝胆，三千越甲可吞吴。

蒲松龄从此自敬自勉。后来，他终于完成了一部文学巨著——《聊斋志异》，自己也成了万古流芳的文学家。

蒲松龄虽然落第，与仕途无缘，可是他找到了成就自己的另一个方向，在这条新开辟的道路上，他获得了成功，也为后人留下了宝贵的精神财富。像他这样的例子在历史上还有很多。

撞了南墙要懂得拐弯

在中国被称为"东亚病夫"的黑暗年代，鲁迅怀揣着医学救国的热情东渡日本留学。当他从电影中看到中国人被日寇砍头示众，周围却挤满了看到同胞被害而麻木不仁的人群的情景后，内心受到极大的触动，他认为"凡是愚弱的国民，即使体格如何健全，如何苗壮，也只能做毫无意义的示众材料和看客，病死多少也不必以为不幸的"。他毅然地选择了弃医从文，立志用手中的笔来唤醒沉睡的中国民众的灵魂。从此，鲁迅将文学作为自己人生的目标，成为伟大的文学家、革命家，他用手中的笔做武器，写出了《呐喊》《狂人日记》等许多作品，唤醒了无数同胞一起和黑暗势力做斗争。

由此可见，在人生的竞技场上，并非只有一处辉煌，辉煌需要审时度势，不断地转变思维，这样才能够找出你的生活目标。

第三节 不拘一格，求异思维

不大意地发挥奇思妙想

常规思维通常表现出一种定式思维，墨守成规。按照常规办事，通常只有一个思维角度，一个大众化的方向。要想成大事，就要敢于打破常规，善于利用逆向思维。

成功的契机，在于打破常规，善于利用思维的悖逆。

北宋政治学家司马光小时候聪颖过人。有一次他和几个小朋友在花园里玩，一个小朋友不小心掉进了一个大水缸，小朋友们一时都慌张了起来。有的大喊："来人啊，救命啊！"

有的拼命地想将落水的小伙伴拉出来，可是司马光急中生智，拿起一块大石头，把水缸砸破，水流了出来，那个小朋友也得救了。

我们不难看出，孩子掉入水缸以后，大多数的孩子都是按照常规思维去救人的。可是在这个博弈中，司马光却采用了有悖常理的博弈策略，他利用了"逆向思维"，把水缸砸破，从而使小伙伴化险为夷。由此可见，有时利用"逆向思维"来考虑问题，更有利于问题的解决。

很显然，逆向思维明显的特征就是不按照常规办事，不循规蹈矩。它是对司空见惯的似乎已成定论的事物或观点反过来思考的一种思维方式。敢于"反其道而思之"，让思维向对立面的方向发展，从问题的相反面深入地进行探索，树立新思想，创立新形象。当大家都朝着一个固定的思维方向思考问题时，而你却独自朝相反的方向思索，这样的思维就是逆向的。人们习惯于沿着事物发展的正方向去思考问题，并寻求解决问题的办法。其实，对于某些问题，尤其是一些特殊问题，从结论往回推，倒过来思考，从求解回到已知条件，反过去想或许会使问题简单化。

这显然是两种旗帜鲜明的对立，可是，逆向思维通常也只有当它被诉诸语言文字的时候，才会受到人们的关注，而且往往是离开语言文字回到真实的生活中去的时候，便又很快被人们给忘记了。现实生活就像一台庞大的消化机器，逆向思维一放进去，就容易被消融得一干二净。对于逆向思维，常规思维似乎有着极强的同化作用，就好比中国国家足球队对健力宝小将的同化似的，不知不觉中便已形成。

常规思维和逆向思维的比拼

常规思维有着超级强大的力量，作为一种"定式"、一种"常规"，其本身就证实了它的历史悠久，根深蒂固。它并非只是个体的问题，通常其与整个民族，整个社会的文化传统息息相关。而那些常规定式，通常就是世代传统的沉淀，而这，也正是其具有强大力量的源泉。正因为这强大的社会历史后盾，使得它的地位坚固得难以轻易动摇。

作为一个社会，它一定要拥有一系列的秩序规范。而这，便是"常规"的社会基础，便是所谓的"框框"。而我们的"逆向思维"就是要在这严密的框架中寻找到立足之地。毫无疑问，这是一件难度极大的工作，倘若不是刻意去追求，我们难逃"常规"之手的掌心。

敢于追求"逆向思维"的人通常就会在社会中有所成就。

有一次，国王问阿凡提："要是你面前一边是金子，一边是正义，你会选择哪一样？"阿凡提竟然出乎意外地回答："我愿意选择金钱。"国王大为震惊："金钱有什么用？正义可是不大容易得到的呀！"阿凡提继续说道："谁缺什么就想得到什么，我缺的是钱，所以我就要钱，你缺的是正义，所以你要正义。"

这种出其不意的逆向思维方式，让本想愚弄阿凡提的国王一时之间不知道如何应对，其地位已经逐渐地由"主"向"客"靠拢，等到阿凡提做出解释时，我们就不禁"可怜"起那位被反主为客的君王了。

逆向思维就像天空绚烂的彩虹，不论它在什么时候、什么地方出现于天空，引起的都是人们发自内心的赞美与向往。

而如今，逆向思维早已被社会各界推崇，特别是在如今最热门的工商业界，更是备受瞩目。经济学家和管理者口中的所谓利润来源、创新，实际上便是对逆向思维的一种诉求。创新要求人们把握住被别人忽略的机会。它不同于发明，通俗一点说，它只是对一些现存的东西加以利用，而这些现存东西的价值通常是无法为常规思维所察觉的。所以，作为一个企业家，最首要的要求便是具有创新能力。因为，创新便是利润，而对企业家本身而言，创新便是成功。

所以，逆向思维不论在日常生活中，还是在竞争激烈的工商界，都有着其独特而潜藏的巨大价值。要想迈向成功，就要打破常规，启发自己的逆向思维。

第四节　别做一根筋的死心眼儿

在通往成功的路上，我们要学会转换思维方式，懂得放弃，不要一条道走到黑，因为通向罗马的路不止一条。做任何事情都要学会变通，成功因人而异，方法与角度变化万千，任你挑选。

有这样一位父亲，他带着孩子离开了罗马的家，来到了市郊的一个小镇上，爬上了一座教堂的高高的塔顶上。孩子内心暗自嘀咕："领我上这儿来干什么呢？"

"往下瞧瞧吧，我的孩子。"父亲说道。

孩子鼓起最大的勇气朝脚底下看去，只见星罗棋布的村庄环绕着罗马，就如同蛛网一般交叉扭曲的街道，一条条通往罗马广场。

"好好瞧瞧吧，亲爱的孩子，"父亲温柔地接着说，"通向广场的路可不止一条。生活也是这样。如果你发现走这条路达不到目的地，你就走另一条试试！"

这个父亲通过这样一种形式，教会自己的孩子，在人生的博弈中，要学会变通，懂得转变思维方式，这样才能取得成功。

适当的变通开阔另一片天地

1850年，美国旧金山来了大量的淘金者。那时，这里已经是一个很热闹的地方，充满了熙熙攘攘、川流不息的人群。这些人大都衣衫褴褛，蓬头垢面，一副疲于奔命的样子。他们尽管种族不同、语言各异，可是满脑子都在做着一个共同的美梦：淘金发财。

在这川流不息的人群当中，有一个叫李威·施特劳斯的年轻人，他是德国的犹太人，他放弃了自己厌倦的家族世袭式的文职工作，跟着两位哥哥远渡重洋，也赶到了美国来"发财"。

这里淘金的人多如牛毛，他发现淘金不是一件好做的事情。于是，他毅然放弃了靠淘金"一夜暴富"的梦想，做起了生意。没过多久，他就开了一间卖日用品的小铺，成了一个地道的小商贩。

李威在做生意的过程中发现许多淘金工人穿的工装裤都是棉布做的，很快就磨破了，他想假如我用帆布做成裤子，一定很结实，又耐磨，又耐穿，肯定更适合淘金工人。

说做就做，于是他连忙取出帆布，领了一位淘金工人来到裁缝店，让裁缝用帆布为这个工人赶制了一条短裤——这就是世界上第一条帆布工装裤。这种工装裤后来演变成一种世界性的服装——李威牛仔裤。

那位矿工拿着帆布短裤兴高采烈地走了。

李威已经思虑周全了，立即着手改做工装裤！帆布短裤一生产出来，就受到那些淘金工人的热烈欢迎！这种裤子的特点是结实、耐磨、穿着舒适……大量的订货单如雪片似的飞来，李威一举成名。

后来，李威发现，法国生产的哔叽布与帆布同等耐磨，可是要比帆布柔软多了，而且更美观大方，于是他决定采用这种新式面料替代帆布。不久之后，他又把这种裤子改缝得较紧身些，让人穿上显得更加挺拔洒脱。这一系列的改进，受到矿工们更加热烈的追捧。经过不断地改进，牛仔裤的特有式样形成了，"李威裤"的称呼也渐渐改为"牛仔裤"这个独具魅力的名称。

　　李威没有一条道走到黑，没有固执地做着淘金梦，而是及时地转变了思维的方式，转变策略，选择了另一条路，从而赚到了更多的金子。这是博弈科学在现实生活中的一种运用。

　　通往成功的路有千万条，当你发现眼前走的路并不适合自己或者不能达到自己的目的地的时候，一定要当机立断，换条道路，千万不要一条道走到黑。

第五节　为融入环境适时改变

让自己融入环境之中

　　我们改变不了环境，但是我们可以改变自己的心情；我们改变不了外貌，但是我们可以净化自己的心灵。假如你无法改变外部环境，那唯一的方法就是改变你自己。

　　人生在世，有太多、太多的无能为力，我们能够做到的就只有微笑面对它，适应它。当生活遭受挫折的时候，当幸福的阳光被乌云遮挡的时候，不要哭泣，不要伤心，要勇敢地去面对它。

　　命运掌握在自己手里。假如所面对的环境无法改变，那我们首先就改变自己，只有改变自己，最终才会改变别人。假如改变不了环境，就应该学会去适应它，并在适应的过程中提升自己的能力，改造环境，获得快乐。

学会改变自己

改变自己是适应社会的一种生存之道。当生活的环境不能改变时，我们要学习改变自己。许多人觉得自己的人际关系不好、同事之间的关系紧张、家庭不和睦，总认为是别人不好，自己全都是对的，总想改变对方。实际上，这不大可能，因为对方也想改变你，所以到最后双方都没有改变。最好的方法是在改变对方之前先改变自己，当我们在为生活或是境遇的不顺怨天尤人时，不妨敞开一扇心灵之窗，转换个角度看待生活、看待事物，不要因为一时处于恶劣的环境中就选择自暴自弃，止步不前。要知道，环境不是为你我而造的，我们应该学会适应它。与其抱怨社会环境不好，不如换个心态，或许每一次的危机就是一次转机，每一次的变化就意味着一个机会。在追求成功的过程中，幸运女神不会把幸运都给一个人。

青年小马，历经了千辛万苦，过五关、斩六将，终于进入一家比较不错的企业。可是工作还不到一年，他就决定辞职。准备辞职前，他找到朋友小王说："你要不要跟我一起辞职，我看你工作得也不是很开心。"小王说："好。"两个就约好一起辞职。但小王想了想又说："直接这样走不好吧，我们好聚好散，来的时候表现不错，走的时候我们也应该给所有的同事、客户一个好的印象，我们在最后一天好好地表现，做好最后一件事。"小马说："好吧，我们给自己，也给对方最后一个机会。"

第二天早上，他们八点准时来到公司，煮咖啡，泡茶，将公司搞得干干净净，他们对所有上门客户的态度都非常热情，并以最有爱心的方法去款待他们。然后，他们对所有来办公室的同事们都说："嗨！您好！早上好！"让所有人都感受到了他们诚恳的态度。他们工作了一天，到了快下班时，小马对小王说："我们是不是应该递辞呈了？"但此时小王却笑着说："难道你没有发现今天所有人对你都很热情吗？难道今天你没有体现自己的价值吗？"小马听了朋友的话，陷入深思中……

在博弈中，不是每次的结果都只有输和赢，当你无法改变环境，又不想让自己被踢出局时，唯一的方法就是改变你自己，去适应环境，与参与博弈的其他人合作，这样才有可能使参与博弈的各方获得最大的利益。

可是在日常生活和工作中，许多人并不懂得这个道理，他们一味地埋怨别人对自己不好，抱怨自己所处的环境太差，心里有诸多的不平衡，脾气变得暴躁，生活质量直线下降，工作的激情也会受到影响。长期下去，环境没能改变不说，自己还为此吃了不少亏。

不抱怨的世界

与其一味地抱怨，不如学着去改变自己。即便改变不了事实，但你可以改变态度；不能掌控别人，但可以把握自己；不能预知明天，但可以拥有今天；不可以改变天气，但可以改变自己的心情；不可以改变相貌，但可以净化心灵。如果"山"不过来，那"我"就过去。

实际上，有许多事情不是我们本身能够改变的，可是我们可以学着改变自己，慢慢地去适应。不断地改变心态，可以将恶劣的环境，变成对自己有利的环境。

抱怨环境，我们可以找到一百个理由，可是环境并不会因为我们找了这些理由而发生任何的变化。只要今天去做，明天你可能就会发现自己身上已经发生了翻天覆地的变化。所以，与其埋怨环境，不如改变自己。改变自己虽然是痛苦的，就像被移植的大树，要被砍去树枝，承受一段时间的苦痛，但苦痛之后，却会有再度的葱茏。

改变自己不是要你放弃自己的原则，而是让你有更多的平台、更多的发展机会来实现自己的理想。改变自己不是妥协，而是一种以退为进的明智选择。

第六节　不端架子，才有面子

虚无的负担

做人太爱面子，许多时候或许会成为人生的绊脚石，只有勇敢地放下架子，放下自以为是的尊严，才能打开一个新的局面，收获事业和人生的成功。

人们很多时候不愿意放下自己的高姿态，一是因为人的自尊心在起着对面子的保护作用，放下身段便是对自己自尊心的挑战；二是因为放下自身的高姿态会让周围的人投来异样的目光，极有可能让自己陷入孤立无援的境地。正是基于这两点，许多人便不愿意放下身段，寻找新的出路。这样一来就好比"作茧自缚"，即便安全了，却永远无法逃出自己设定的框架，只能躲在自己经营的一方小天地里面，一生难有作为。所以如果想挣开自身的束缚，就要勇敢地放下身段，放弃自以为是的尊严，这样才能破茧而出，有所作为。

有一位在美国留学的计算机博士，辛苦了好多年，总算熬到毕业了。但是，尽管拿到了响当当的博士文凭，可一时间竟也难以找到合适的工作。

他总是不断地被各大公司拒绝，生计一时间没有了着落，这个滋味可不好过。他苦思冥想，想找个办法，谋个职位，这样免得在路过餐馆时，因囊中羞涩而不得不加快步伐。哎！有了，他总算想到了一个绝妙的点子。

人总是这样。所谓"绝处逢生"，在吃得饱，穿得暖，住得宽敞的时候，是不会有什么令人惊讶的点子的。反倒是闻着烤鸭的香味，看着留在钱包里的最后一角钱时，会急中生智。

他决定收起所有的学位证书，以一个最低的身份去求职。

这个法子还真灵验，一家公司终于录用他做程序输入员。这份工作可真是太简单了，对他来说简直是"高射炮打蚊子"，不过他还是一丝不苟，勤勤恳恳地工作着。

不多久，老板就发现这个新来的程序输入员非同一般，他竟然能看出程序中的小错误。这个小伙子趁机掏出了学士证书，老板二话没说，立刻给他换了个与大学毕业生相对符合的岗位。又过了一段时间，老板发现他还时常能为公司提出很多独特而有价值的见解，这可不是一般大学生的水平！这时，这位小伙子又趁机亮出了硕士学位证书，老板看了之后又提拔了他。

他在新的岗位上表现得很优秀，老板觉得他还是与别人不一样，非同一般。于是，老板把他找到办公室，对他进行询问。这时，这个聪明的小伙子才拿出了他的博士证书。

老板这时对他的水平已经有了全面的认识，便毫不犹豫地重用了他。

这位博士选择放下身段，从头开始，最终获得了成功。他的做法值得我们学习和深思。

跟随时代的变化分析自己的处境

现代社会跟过去不同了，如今提倡的是"自我推销"，既然是推销，就要有推销术，倘若这位博士还是拿着自己的文凭，一家接一家地去亮相，也许他现在还没有工作，或者有工作也未必得到如此重用。

当我们在博弈中没有优势，甚至是处于劣势的时候，最理性的博弈策略是：放低自己的身段，寻找另一个突破口。这位博士的策略好就好在以退为进，看上去是自己放低了自己，大材小用了，实则一旦有机会，就可以大放异彩，展露才华，让老板对他一次次另眼相看。

相反，假如他依然用博士学位去应聘，可能依然被拒之门外。或者即便被录用了，所有人也会因其博士的身份对其高看一眼，在工作中势必会对其期望过高，这样即便一点小小的失误也会引发大家的失望。反倒是现在这样，放低自己，别出心裁，循序渐进更容易让事情往更好的方向发展。

第 5 章
不做工作的奴隶——职场的智慧

职场如战场，只有智者、勇者才能笑到最后。有的人在职场如鱼得水，有的人在职场却举步维艰。在职场工作或与同事相处过程中都需要掌握职场智慧，从职场菜鸟成长为职场精英的过程也是学习职场智慧的过程。

第一节 跳槽，逃避or不合适

不要妄想逃避工作

有人说："想把工作辞掉，可是我弄不明白自己是因为逃避问题，还是因为真的不适合这份工作。"

有人给出意见说："你不喜欢这份工作的地方是否都有试着去改进、去接受？你的心告诉你什么？我年轻的时候换过好几份工作，也可以说是任性的逃避，也可以说是不合适。平常心看待一切，该是你的就是你的。不要勉强自己去做不喜欢的事情，即便那是一种逃避，又有何妨？该是你的逃都逃不掉。可是在你的内心深处要有一定的主见，有信仰，知道自己最终走向正途，做自己该做的、喜欢做的事情。"

生存在这个物欲横流的社会之中的公民，大多数人迟早都会面临一个抉择——跳槽。"跳槽"一词并不是什么新词，早在民国时期就有一句："譬以马之就饮食，移就别槽耳。"形象生动地取代了"换工作""换单位""另谋高就"之类用语的位置。跳槽是一门学问，也是一种策略。人往高处走，这固然没有错。可是，说来轻巧的一句话，却包含了为什么"走"、什么是"高"、怎么"走"、什么时候"走"，以及"走"了之后该怎么办等一系列问题。

跳槽是一种战略，要讲究方法，才能跳得更"高"、跳得更

"稳"。现实生活中，导致跳槽的因素有很多，盲目辞职不仅会带来生活上的压力，还会面临一定的风险，尤其是工作多年的高级白领，更需要三思而后行。中华英才网职业顾问联盟专家、北京道锐思管理公司的首席管理顾问周波先生，针对这个问题明确指出，跳槽前要明确三点：第一、为什么要跳槽；第二、凭什么跳槽；第三、该怎么样跳槽。只有把这三个问题思考明白之后，才能实施自己的跳槽计划。

　　小马所在的公司一天不如一天，随时都有关门的可能性。他想走，可是又舍不得这份工作。他对这家公司以及这份工作已经太过于熟悉，所以他工作起来得心应手。他希望公司能够柳暗花明，他希望自己能吸引老板的注意，他更希望在这家公司能够发挥出自己的才能，铸就辉煌的人生。

　　可是，公司真的是一天不如一天，老板也不得不一再地裁人。他非常担忧，有一天，老板会忽然辞退自己。他真的舍不得这份工作。

　　他的愁眉苦脸被父亲察觉到，父亲问他发生了什么事情，他把自己的烦恼告诉了父亲。父亲微笑着对他说："南美洲有一种奇特的会行走的植物，叫卷柏。它的生存需要充足的水分，当它脚下的土壤水分不足时，它就会将根从土壤里拔出来，让整个身体缩卷成一个圆球。因为体轻，只要有一点儿风，它就会随风移动。当它移到水分充足的地方时，就会把圆球迅速打开，把根重新钻到土壤里，安居下来。当水分再一次不充足时，它又会继续寻找充足的水源。"

智慧与人生——聪明人生的方向

听完父亲的话，他激动地对父亲说："我知道自己该怎么做了。"

一株植物，尚且知道在水分不充足的时候拔根而行，他呢？他所在的公司，就像是一块水分不充足的土壤，唯有离开，他才能够拥有属于自己的舞台，才能够发挥自己的才能。第二天，他毫不犹豫地交了辞职书，尽管老板一再挽留他，他也坚决要走。

他去了一家很有实力的公司，也获得到了一个非常不错的职位。刚开始的时候，他努力地工作，希望自己在这里能拥有一片灿烂的阳光。可工作一段时间之后，他就感觉这块土壤缺少水分，并不适合自己的成长，于是他向公司提交了辞职书。因为他表现突出，经理一再挽留，但最终还是没能留住他。他坚决离开，去寻找那块水分充足的土壤。

他再次进入一家新的公司，这家公司比上次那家更具备实力，可是他只工作了半年，便又辞职了。公司留他，依然没能留住。

后来，他频繁地跳槽，在短短的五年里，先后跳了八家公司。尽管每一家公司都非常有实力，尽管每一份工作收入都很可观，可是他就是认为水分不充足，阳光不充足，无法真正地安心扎根。有一天，他遇到了一位三年前在同一家公司上班的同事，当相互询问对方的情况的时候，他不由得大吃一惊，因为同事一直没有离开原来的那家公司，现在早已经晋升为经理了。

同事说很欣赏他的能力，希望他能够回公司任职。他没有立刻就答应，说回家考虑考虑。

　　以前，同事的能力不及他，可是却在短短三年的时间里，同事的职位就超越了他，待遇也超越了他。同事的前途一片光明，人生一片灿烂。可他，在新的公司里职位一般，待遇也一般。而且，才工作了三个月的他，就又有了跳槽的想法。

　　回到家里，他非常苦恼，不知道自己应不应该离开这家公司，而回到原来的那家公司去。父亲问他时，他就把自己的烦恼向父亲倾诉了出来。父亲听了他的心事后，依旧给他讲述了那个关于卷柏的故事，父亲说，卷柏是会不停地行走，去寻找水分充足的土壤，可正是因为它一直在行走，一直在寻找，所以，它无法将根深深地扎入土壤，因此，它永远无法长大。行走没有错，错的是一味地行走。倘若把卷柏圈住，让它无法行走，最后，它只能把根深深地扎进泥土里。这样一来，它同样能得到充足的水分，最终，它就会长得比以往任何时候都好。

　　他幡然醒悟。他不停地跳槽，一直以为充足的水分在别处，却忽视了脚下深处同样有充足的水分。正是因为他不停地在跳槽，不停地在寻找，没有把根扎下，最终自己的才能也没有真正地得到发挥，以至于没有真正的辉煌和成就。而种子只有深深地把根扎入脚下的土壤，最终才能长成参天大树，拥有一片灿烂的阳光。

找出频繁跳槽的原因

跳槽意味着在工作和生活方面会有全新的开始，很多人通常因为一时的冲动或是跟风而盲目辞职，这样不仅给自己带来许多的压力和困惑，甚至还会让自己的职业发展搁浅或是改变。所以，跳槽前一定要经过慎重的思考，有些人通常因为工作的压力大或是和经理或同事不和，导致精神极度紧张而萌生去意，也有人以追求高薪酬、高福利为目的而跳槽，更有多数人因为公司的严格制度不能"骑驴找马"，而在辞与不辞之间徘徊不定。

在这些众多的困惑面前，分析出原因，然后去解决它：

第一，在面对工作压力与经理关系不和的情况下，先剖析一下自己，从自身找原因，看看自己为什么会得到领导这样的"礼遇"，只有经过深刻的分析，才能在以后的工作中避免受到同样的"待遇"。

第二，将更高的薪酬福利作为跳槽的动机，跳槽前要思考自己处于职业生涯的哪个阶段，倘若是刚入职不到五年，还没有自己的核心能力，就为薪水而跳槽，显然是不明智的选择。倘若本领很强，而目前的薪水无法体现你的价值，通过跳槽来获得所期待的薪水，也是不错的选择。因此以薪酬为跳槽目的是否明智，关键在于你目前的能力和需求是否平衡。

第三，跳槽与公司制度中是否限制"骑驴找马"关系不大，倘若不清楚为什么要跳槽，也没有跳槽的实力，即便公司批准你"骑驴找马"，你也肯定找不到，反之，倘若你很清楚自己为什么要跳槽，又很有实力，即便你自己不找，猎头公司也会帮你找到"马"。

怎样跳得"高"、跳得"远"

跳槽有很多种情况，有跨领域跳槽，也有跨行业跳槽，不管以何种方式跳槽，都要讲究一种策略，而且关键还要看你是否具有很强的职业能力。

对于频繁的跳槽者，周波提示说："频繁跳槽不利于职业生涯的发展，在年轻时可以多跳几次，但在跳过三次以后要极其小心，特别是随着工作时间的增加，职业轨迹将越来越稳定。"

辞职带来的损失有两种：一种是经济上的，一种是个人的职业品牌。从经济上说，能够拿到年终奖再辞职，是个不错的选择；从职业上讲，应该站好最后一班岗，认真做好工作的交接，这也是对个人职业品牌塑造的一部分。

哈佛大学校长德鲁·吉尔平·福斯特说："选择一条道路、一份工作、一项事业或一个研究生课题，不单单是在选择东西。"

每个决定都意味着"得"与"失"——过去与未来的种种可能。同样，当职场人选择跳槽时，也就意味着"得"与"失"两种可能，结果不一定像你想象的那么美好，也有可能会让你的境况变得更加糟糕。因为知道这一点，所以大多数哈佛人不会轻易地选择跳槽。他们对跳槽都非常谨慎。他们不会被逃避工作中各种困难的强烈愿望操控，也不会盲目地相信新工作一定会更好。他们能够很好地掌控自己的情绪和欲望，理性而谨慎地权衡利弊，从而做出最正确的抉择。可是，与大多数哈佛人这种高情商的表现不同的是，在职场中，有的人

智慧与人生——聪明人生的方向

总是频繁地、轻率地跳槽。工作3天了，根本没有达到自己预想的结果，选错工作了，我跳；在这个单位6个月了，却没有得到晋升，老板对我不公平，我跳；一年没有加薪了，这个行业没前景，我跳……

缺少谨慎的抉择，草率地选择跳槽让很多职场人的职业生涯都陷入了非常尴尬的境地。

第二节　改变自己，适应职场环境

与其抱怨上帝，不如自我改变

世界上总会有一些人，他们对自己的失败充满了埋怨，仿佛自己是世界最不幸的人，而别人的成功，又看起来是那么的轻而易举。

在抱怨者的世界里，不存在"公平"二字，仿佛成功本来就应该属于自己而不是别人。可是，你什么都不去做，就想获得成功，这公平吗？

实际上，环境会让人发生巨大的转变。在社会中，人只能适应自己的生存环境，却很难去改变它。所以，你要么放弃现在的环境，要么是调整自己，使自己逐渐适应环境，融入环境。

又到了辞职换工作的旺季，你是不是也是其中的一员呢？先别急着去辞职，专家提醒，频繁的跳槽对职业生涯并无利处。频繁的跳槽是职业生涯中没有计划的表现，倘若哪个岗位都是蜻蜓点水般地浅尝辄止一下，基本上是很难有前途的。总体来说，频繁的跳槽一般有以下几个坏处：

首先，跳槽到一个新的环境中，我们需要付出得更多。离开一个熟悉的环境，融入新环境中去是需要付出很多心血和时间的。

其次，职业技能的培养需要持续性，倘若突然转换领域，个人资源的积累和自身能力的培养都将会大打折扣。

再次，频繁跳槽的人每找到合适的工作就更困难了，因为用人单位认为你很快又会跳槽。

最后，在经历了多次跳槽之后，你就会不自觉地养成一种习惯，每当工作不顺心时就想跳槽，人际关系紧张时就想跳槽，想多挣些钱时就想跳槽，甚至没有任何理由也想要跳槽，似乎一切问题都可以用跳槽来解决。永远缺少克服困难的勇气和决心。

生于忧患。为了生存，绝大部分的人都会激起斗志来改变命运，自己的性格也会因此呈现出坚毅的特质。可是也有人改变环境不成，反而成为环境里的弱者，并出现消极、软弱、悲观、自卑、绝望等负面的性格特征。久而久之，这种性格特质就会定型而难以改变，人也会逐渐丧失信念和斗志。

由此可见，严酷艰难的环境能让人维持清醒的大脑和坚强的性格，而安逸的环境则会对人造成巨大的负面影响。人都是好逸恶劳的，这是人性的一个非常重要的特点。

有的人每天东奔西跑，为的就是追求一个舒适安逸的生活环境。许多年轻人去找工作，也总是把"钱多事少离家近"的工作当作首选。但是，安逸的环境很容易消磨一个人的斗志，麻痹一个人的神经，让一个人的自觉、自省能力逐渐瘫痪。

久而久之，人就在环境的吞噬下成为一个寄生生物，一旦离开了这个温室一样的环境，就会变得不适应。有的人警觉性很高，很快就脱离了那个环境，但是绝大多数人都会因此而陷入这样的机制中。刚开始"满足于"这个舒适的环境，接着就会有一点矛盾，继而被环境"招降"，最后与环境合而为一，成为环境的一部分。所以，一个安逸舒适的环境，往往会造就一批懒懒散散的人。这样的人和温室中的花花草草一样，毫无生命力。

老李就是这样一个人，他经常对朋友说："老天爷真的是太不公平了。总是让有能力的人得不到好的机会，而没有能力的人却成功了。那个老王，你知道吧，他曾经是我的同学，那时，他的成绩糟糕透了，还经常抄我的作业，现在他居然当上了作家，这么一个没能力的人，竟然还能成功！"

朋友说："可是，我听说老王很能吃苦，经常写作到深夜。"没等朋友把话说完，老李又接着说："还有个叫周文的人，他也是我的同学，就他那个身体，多走几步路都会上气不接下气，体育课也经常不参加，现在你猜怎么样？他居然成了体育明星！"

朋友说："可我在报纸上看到，阿文除了吃饭睡觉，所有的时间都花在了训练上。"还没等朋友把话说完，老王又接过了话头："特别让我生气的是老马，在学校里的时候，他连鸡腿和牛肉都吃不起天天吃馒头夹青菜叶，可他现在居然开了酒楼！"

这次，朋友没有急着说话，他在等老李将话说完．老李却急了："你怎么不说话了，你说老天爷是不是不公平？"

朋友这才开口说："要我说，让身体瘦弱的人懂得锻炼的重要性，给了每一个丑小鸭做白天鹅的梦想。难道这还不算公平吗？"

接着，朋友又意味深长地说："每个人的成功都不会轻易得来，与其抱怨自己的遭遇，还不如尝试着去改变自己，创造机会呢。"

的确，这个世界并非你想象的那么不公平，与此相反的是，上帝会让每个付出努力的人都获得相应的回报。而那些一味抱怨的人，则永远得不到任何收获。因为这些人大都喜欢埋怨，不断地为失败找借口，所以他们就一直失败。

学会自主解决问题

抱怨的人很少积极地去想办法解决问题，他们不认为积极主动地完成工作任务是自己的责任，却把抱怨和找借口视为理所当然。

还有一些人自命清高，眼高手低，动不动就感到自己被老板剥削，是在替别人卖命、打工，是别人赚钱的工具，所以，难免思想上就产生了严重的抵触情绪。他们聪明的大脑没有思考如何能够更好地去完成工作，而是整天埋怨自己在为别人打工，将大好的时光都白白地浪费掉了。

更有甚者，当他们不愿意去做一件事情的时候，早在做事之前，

智慧与人生——聪明人生的方向

就已经想好了借口。

工作中最常见的借口就是："我已经非常努力了，但是这种产品太没有名气了"或是"我真是没有办法了，谁让对手太强了呢"。

当自己没有做好上司吩咐下来的工作时，有些借口很是常见："这工作我本来就做不了，他以为我是哈佛毕业的？""都怪他没有安排合适我做的工作，他就不能发现我的优点吗？""唉，都是环境不好。""别的同事都不配合我，我怎么做得完呢？""他把我当成万能的主了，这种事情是我做得了的吗？"……

就连一些管理基层的干部，也会出现诸多类似借口："这个项目我真的尽力去做了，可是我手下的员工太笨了。""我不能同时做好几件事情呀，他们也不帮帮我。""真让人头疼，这些人太难沟通了。"

人们能够如此煞费心机地寻找借口，却无法把本职工作做好，这实在是一件非常可笑的事情。假如那些一天到晚抱怨不断的人肯把一半的精力和创意用在工作上，那他们一定能够得到卓越的成就。现在，停止你的抱怨吧，因为，失败不需要借口。

其实，失败并不可怕，可怕的是不敢面对现实。你只有勇于面对失败，才能更好地汲取失败的经验教训，从而为下一次的成功做好准备。不要总是寻找借口托词，其实你完全有能力把工作做到最好。

在充满竞争的职场里，在以成败论英雄的工作中，有谁能自始至终地陪着你，鼓励你，帮助你呢？不是老板，不是同事，不是下属，也不是朋友，他们都不可能做到这一点。只有你自己才能鼓励自己更好地迎接每一次的挑战。

工作时专注认真、走路时昂首阔步、与人交谈时面带微笑……会让老板觉得你是一个值得信赖的人。越是疲倦的时候，就越要穿得好，越要有精神，让人完全看不出你一丝的倦容。假如是女性的话，还要补个妆，这样做会给他人带来积极的影响。

只要你对自己充满信心，那么在职场这个宽敞的舞台上，你永远是唯一的主角。自信不仅是一种精神面貌，更是整个人生观与心理状态的体现。心态对一个人来说非常重要，一个人自信必须要在内心有一种观念，而且还需要你毫不松懈地进行自我磨炼。具备高度的自信，通常可以让平庸的人成就非凡的事业，甚至成就那些虽然天分高、能力强，但总是疑虑与胆小的人所难以企及的事业。

第三节　抬高自己在上司心中的价值

与其感叹命运，不如让自己发光

在职场中，许多人都在感叹自己为什么总是怀才不遇。实际上，你并不是缺少机会，而是缺少抓住机遇的能力。在现代社会，光有能力远远还不够，还要懂得自我推销。具备了推销能力，是英雄何愁无用武之地。古代的"姜太公钓鱼"和"毛遂自荐"，都是推销自己的经典事例，大可为后人所借鉴。

职场并不需要"潜伏"，你得让自己"暴露"出来。实际上，在职场中也有这样一群人，他们被称为"潜伏族"。这群人就像是一只只冬眠的青蛙一样，从来不主动行动。无论什么工作，总是推迟到最后，被老板和上司一遍遍地催着，才能勉强完成。不求有功，但求无过，这是他们一直奉行的处世原则。对待这样的人，老板当然不会委以重任，即便他们才华横溢，志比天高。于是，他们总是感叹自己的怀才不遇，总是想通过跳槽去寻找伯乐。可是，老板换了一个又一个，却始终没有人欣赏他们的才华。

这个时候，就要从自身去寻找答案，或许你还没学会怎样去推销自己。假如你认为自己是一匹千里马，而老板还没有发现你的才能，先不要急着埋怨，试着表现自己。只有让老板看到你的能力，你才有被重用的可能。

我们选择老板，并不意味着一定要频繁地去跳槽。

即便你遇到的老板是一位"伯乐"，他也不一定能够在第一时间内发现、发掘你的才华和潜质。假如因为老板的一时忽视，你就一味地怨天尤人，甚至动不动就盘算着"另谋高就"，那么你很容易错过好老板，这是非常可惜的。

学会自我营销

很多人以为，只要自己努力工作，默默耕耘，鞠躬尽瘁，老板就一定会知道。实则不然，因为让老板分心的事情很多，而且他并没有火眼金睛，掌控大局的他不可能事事都知晓，不可能清楚每一位下属的表现，乃至潜质。因此，要学会自我营销。

作为老板，不论企业的性质如何，都希望企业能够兴旺发达，因此在主观上他们并不愿意忽视员工的才华和能力，浪费人才资源。但你要知道，老板不是万能的上帝，也不是天生的"伯乐"，不可能总是那么敏锐地发现员工的优点。老板也是人，是人就会有个人的喜好和习惯，也就可能会因为这些偏好和习惯忽略了身边的人才。

遇到这种情况，员工最好的选择不是默默承受，更不是抱怨怀才不遇，而应该扪心自问："我有没有在老板面前表现过自己？有没有让老板看到千里马扬蹄的时刻？"紧接着，你应该将自身的优势充分展现给老板，让老板去发觉，去赏识。老板作为公司的直接负责人，绝对不会有心埋没人才，所以，你要做的不是抱怨，而是给自己机会，也给老板机会，让他知道你的存在、你的能力、你的潜质。

积极配合，让上司觉得你"好用"

在战场上，凡是勇猛的主帅手下，都有一批能征善战的精兵强将。一个胆小懦弱的士兵，在这样的部队里，是不会受到欢迎的。实际上，这种情况在职场中也是一样。越是优秀的上司，对部下的要求就越高。让上司发觉你的才能，成为上司心目中的能人，这一点至关重要。一般来说，要想让上司发觉你的才华，一定要做好以下几点：

1.多与上司进行沟通。

假如你很有能力，但与上司之间缺乏沟通，结果也只能是埋没你的才能。那么，怎样让上司发现你的优势呢？不妨多用电话与上司联络，既可以保持与上司的距离，又可以避免面对面的冲突，这样会使双方的合作更默契。

与上司做好沟通，建立良好的工作关系，对你的工作有百利而无一害。就像培根所说的："人与人之间最大的信任就是关于进言的信任。"假如我们知道别人在背后赞扬我们，那我们一定会加倍地喜欢他，因为这明确地表示了他是真心喜欢我们的。反之我们知道别人在背后批评自己，就会对他十分反感，反感不仅是因为别人对自己的批评，还有背后批评人总会有点不够磊落的感觉。

2.巧妙应对上司的要求。

在工作当中，上司会对下属的工作提出各种具体的要求。倘若应对得当，而且每一个细节都能符合上司的要求，你的一言一行都能够让上司满意，要得到赏识并且升职那还不容易吗？不过，你的所作所为，要和上司的要求密切结合，要在一些细节上多下功夫。

3.帮助上司发挥出其水平。

比如，上司经常找不到需要的文件，你要赶快替他把所有档案都系统地整理好；要是他对某个客户处理得不得当，你要恰到好处地帮他缓和关系；假如他最讨厌做每月一次的市场报告，你也不妨代劳。如此一来，上司就会觉得你是个好帮手，你自己也可因此获得一些晋级加薪的资本。

4.了解上司的真实意图。

例如，当上司向你委以重任时，请先了解对方的真实想法，再去衡量做法，以免因为帮倒忙而带来不必要的麻烦。了解的方式，以不抗拒对方的意愿，切合自己的要求为准，如此双方才会合作愉快。

尊重上司的意见

要得到上司的青睐，最重要的一点就是你一定要尊重上司的意见。许多人在工作中会遇到这样的难题：自己经过整整一个星期的努力才完成的报告书，在给上司过目时，他立刻就指出了不妥当之处，并要求更改。可是经过审慎研究，你觉得自己并没有过错。面对这种情况，你可以采取以下三种处理方式。

1.将错就错。倘若你在公司中是一个新手，这个报告书又是你的第一件重要任务，那么你应该小心地钻研公司对报告书提出的建议，并且尽量根据他的意思去做，这会比你努力证明自己是对的来得"稳妥"。

2.互相讨论。对于经验丰富的上司，他认为你的报告有错误，一定有他的理由，你不妨虚心地向他请教，你"错"在什么地方。这样，不仅有助于你发现自己工作的缺陷，又可以学习到更多的专业知识。当然，讨论的结果，或许对的会是你。

俗话说得好："男怕入错行，女怕嫁错郎。"在决定你一生的事业的时候，一定要想清楚了再去做。在择业之前，时刻都要扪心自问：你所从事的工作，是不是你想要的？它能不能让你达到自己的人生目标？这样，才能让自己少走弯路，更快地走向成功。

要有自己明确的目标，根据自己的特点确定适合自己的目标和职业，即：定好位，入对行，跟对人。

帮助公司成功

我们已经知道，只有努力让自己的利益与公司利益完全一致时才会得到老板的赏识，才能获得加薪和晋升的机会。那么，接下来该怎么办呢？成功的老板们是这样说的：只有老板和公司成功了，你才能获得成功。

假如将公司比喻成一棵大树，每个员工就是那树上的叶子或是根须，员工努力工作，公司这棵大树就会有养料，就可以进行有氧的健康生命活动；与此同时，整棵大树的茁壮成长也会滋养树叶和根须，使其更好地发育。

这样的道理，任何职场中的人都会非常清楚，如果没有企业的快速增长和高额利润，那么我们就不可能获得丰厚的薪酬，或者更好的职业前途。公司与员工，二者之间的关系就是"一损俱损，一荣俱荣"。只有意识到这一点，你才能目标清晰、热情饱满地去工作，以赢得老板的青睐。

帮助公司和老板成功有很多的方式。老板并非全才，在工作中，他也会遇到很多力所不能及的事情。或许帮助老板解决这些难题并不是你的分内工作，可是正因为如此，假如你能够及时地发现老板的窘境，主动施以援手，给老板一个意外的惊喜，可能就会让老板对你刮目相看。这样，你的成功之路会走得更好。

要是你想取得像老板那样的成就，秘诀就只有一个，就是积极主动地工作，做出比老板期待的还要好的事情。

老板每天工作十几小时的情形是很常见的。要想获得老板赏识，你就不要吝惜自己的私人时间。一到下班时间就率先冲出公司大门的员工，老板是肯定不喜欢的。还有，即便你的付出暂时没能得到回报，也不要斤斤计较，在心态上仍要保持平稳，行动上更要加把劲。

每天，除了分内的工作要做得漂亮之外，你还要尽可能找机会为公司做出更大的贡献，让公司觉得你"物超所值"。

第四节　杜绝浮夸，提高能力才是王道

机会面前先问问自己是否能够胜任

所有成功的人士，只要能自己出来闯天下，都具有同样的特点，那就是：很早就思考自己的未来，而且真心地喜欢他目前的工作，愿意为之付出心血和努力，让每一个任务都成为自己的杰作。换句话来说，他们懂得经营自我，就像经营一家错综复杂的公司。经营的原始阶段：卖出自己，找到一个好东家。经营的发展阶段：创立自己的"品牌"。经营的黄金阶段：做大做强，建立自身的核心竞争力。漫漫人生路，需要进行谋划的内容实在太多太多。如何从零开始，做大做强，在职场中占有一席之地，需要统筹全局的战略谋划。

　　小姜陪同客人参观，相处融洽，她凭借自己良好的表达能力和沟通能力，丰富的谈判技巧和对业务的熟练程度，终于顺利地为公司签下了大单子。小姜随机应变的表现能力，以及熟练的日语演说能力，让老总对她大加赞赏，这样一来，她在老总心目中的分量也悄悄地发生了变化。一个月之后，小姜就暂时代任公关部经理一职。

一个企业的发展是依靠每个员工的工作来支撑的，所以，员工的工作能力与工作表现是每个企业的安身立命之本。做销售的销售能力强，就能卖出更多的产品；做人力资源的能够慧眼识人，就能招聘并留住优质人才而且协调好公司员工之间的关系。说到底，工作还是依靠真本事、真实力的，只有表现出你的能力，才能体现出你的价值。

努力充实、提升自我

我们要想在职场上立足，就一定要不断提高自己的能力。因为身在职场，能力就是你的生存之本。一方面，不少人四处求职也很难找到一份工作，即便找到，也只能拿着微薄的工资；另一方面，职业经理、高级人才被期待得望眼欲穿。"猎头公司""能人银行"等行当也是因为社会对能人的渴求而悄然兴起，日渐走红。动辄几十万、几百万的年薪，在今天已经不是什么新鲜事了。

所以，你一定要积极地提升工作业绩。那究竟应该从哪些方面去做呢？

首先，要不断地学习。要想做好本职工作，并让你的工作业绩有所提高，必须不断学习新的知识。书本上的要学，实践中的更要学。唯有怀揣着一颗上进心，工作才能够收获更高的成就。这是知识大爆炸的年代，现代企业的发展也已经进入到全球化和知识化的阶段。在这个阶段，企业发展成了一个新的形态——学习型组织。新的挑战和任务都会接踵而至。身为这个组织里的一员，你只有善于学习，才能在变化无常的环境中应付自如。

我们身边有很多好学者，也许他们现在做着一些普通的工作，没有人注意他们，更没有人会认为他们是自己的竞争对手。可他们并没有放弃，依然还坚持着学习，不断地充实着自己。或许哪一天，你会惊奇地发现，他们已经远远地把你甩在了身后。

其次，要努力更要富有智慧。工作业绩需要依靠奋斗去获得，可是工作中的智慧有时候则更为重要。假如没有能力，即便你利用一些技巧获得了老板的欢心，那也只是暂时的。久而久之，老板会认为你这个人太笨，简直就是"马尾拴豆腐——提不起来"。

一旦老板这样看你，那就注定了你在公司里被"判了终身监禁"，难有出头之日了。此外，不但要具备较强的能力，还要把你所掌握的能力表现出来。

在工作的过程中一定要多想一步，你现在拥有什么技能可以让你的工作因此而受益匪浅。在现在的工作岗位中，你必须掌握的一般的工作的技能和对你的前途大有帮助的特殊技能是什么。通过确认自己能做什么和会做些什么，你就可以更好地去把握自己的资质，也就是说，什么是你的天分、你的优势。只有掌握了这些，你在职场中才能掌握更多的优势。

作为职场中人，善于发现工作中的问题固然难能可贵，可是只做到这一点还远远不够，因为企业更需要的是解决问题的人才。只有将两者完美地结合起来，你才是最受企业欢迎的员工。

用自信给自己一个更好的定位

你怎么看待这个世界并不那么重要，重要的是你如何看待自己。因为你对自己的看法，决定了你对这个世界的看法。

接到任务，不要动不动就说"不可能"。面对工作，你应该有一个信念，那就是：一定可以。有了这种心态，任何难题就都会迎刃而解。

其实，很多事情，虽然在表面上看起来不可能成功，但只要有人肯努力去做，十有八九都会成功的。因为，很多看似"不可能完成"的工作，困难只是被人为地放大了其难度。当你冷静分析，耐心梳理，将它"普通化"以后，你会想出很有条理的解决方案。于是，人们经常感慨："原来成功并没有想象的那么高不可攀。"

在自然界中，有一种十分有趣的动物，叫作大黄蜂。曾经有很多生物学家、物理学家、社会行为学家联合起来研究这种生物，大黄蜂之所以能够引起这么多学者的注意，就在于它特殊的身体构造。

依据生物学的规律，所有会飞的动物，必然是体态轻盈，翅膀十分宽大，而大黄蜂却刚好完全相反，它的身躯十分笨重，而翅膀却是出奇地短小。按照生物学的理论，大黄蜂是绝对不可能飞得起来的。

一只鹰从小就生活在鸡窝里，所有的鸡都告诉它"你不可能会飞"。结果这只鹰就真的失去了飞翔的能力，它像一只普通的鸡一样度过了自己平凡的一生。

上面两个故事，一个把不可能变成了可能，一个因被定位成了不可能就真的变成了不可能。实际上，人也有很多潜在的能力，只有到了紧急的情况下才有可能被激发出来。日常生活中，这些紧急能力是潜伏着的。只要你有足够的信念，就一定能够将这些潜能挖掘出来。

由此可见，要想走出"不可能"这一自我否定的阴影，你必须有充足的自信。相信自己，用信心支撑自己，完成在别人眼中不可能完成的工作。

当然，在充满信心的同时，你需要了解这些工作为什么被认为是"不可能完成"的工作。针对工作中的种种"不可能"现象，看看自己是否具有一定的挑战资本，假如没有，先将自身功夫做足做够，"有了金刚钻，再揽瓷器活儿"。要知道，挑战"不可能完成"的工作只有两种结果：成功或是失败。而你的挑战力通常会让两者相互转化，故不可不慎重。

第五节　时刻充电，为自己的前途投资

失败皆因无知，学习必须跟进

这是一个知识大爆炸的时代，也是一个能力恐慌的年代。一名员工要想发展自己，让自己上升到更高的层级，最好的办法就是时常给自己充电、让自己时刻都能呼吸到新鲜的氧气。唯有如此，他的知识体系才不会过时，自我价值才能最大限度地得以实现。

作为一个现代人，学习是一辈子的事情，不论何时何地，永远都不要停止学习。因为今天的知识，等到明天就有可能会不够用，假如我们停止学习，就会停滞不前。

从小到大，我们品尝了太多的失败，却从不知道失败的根源在哪里。实际上，失败的原因有千万种，但归根结底只有一个——无知。英国哲学家斯宾塞说："我们的生活由于无知而普遍地缩短。"

这话真是一语中的！我们甚至还可以说得更绝对一点：一切失败

智慧与人生——聪明人生的方向

皆因无知。这里所说的"无知"是广义的，基本包含三层含义：

1.确实没有任何知识，也没有自觉学习的意识和能力，这是绝对的无知；

2.有一定的知识，但稍有点成绩后便因循守旧，不思进取，这是相对的无知；

3.相对高级的无知，即便有知识基础，也在不断地求取新知，但是因为努力不够，知识积累和更新的速度就不如竞争对手，相对而言，也属"无知"了。

有一则成语叫"江郎才尽"，说的是南朝人江淹，自幼勤奋好学，每天从早到晚都在父亲的书房里读书吟诗，只有饭后才和小伙伴们玩一会儿。因此，年长后写出了很精彩的诗文，一时间闻名遐迩。特别是《恨赋》《别赋》两篇，更为历代所称赞。当时文坛尊其为"江郎"，后因才学超群而进宫做了官。他经常一边饮酒一边挥笔疾书，几杯酒喝完，几十份文件拟就，其豪情才气深受上司的欣赏和喜爱，曾官至"金紫光禄大夫"。可是，随着官位升高，声名鹊起，江郎自我满足，以至于青年时期的文思和才华大大减退了。所以，人们称之为"江郎才尽"，这其中包含了惋惜之情、警醒之意。

由此可见，无知让我们胸怀狭窄，目光短浅；让我们安于现状，故步自封；让我们骄傲自满，松懈怠惰。一句话，就是让我们丧失了最可贵的创新精神和创造力。

在二十世纪七八十年代做事要依靠"胆子"，八九十年代要依靠"点子"，如今则必须依靠"脑子"。摸着石头过河的时代结束了，我们已经进入了"深水区"。这时候，潮水上涨，倘若你仍然没有掌握"弄潮"的技巧，便只能淹死在失败的汪洋里。

无知之人的成功，或许撞了大运，但只会得意一时，绝不会长久。倘若不能及时充电，他们的失败就是必然的。倒是那些立于成功巅峰的人，他们无时无刻不在学习，无限风光尽览自是必然。

知识是助人飞上事业巅峰的羽翼

这是一个知识大爆炸的时代，每个家庭都有书报杂志，而且它们逐渐成了现代人生活的必需品。一个没有书籍、杂志、报纸的家庭，就等于是幢没有窗户的屋子。"知识决定命运"这句话的真理在现代社会得到了最有力的印证。

李嘉诚先生是香港的首富，跻身世界富豪之列。在最近一次的采访中，有记者问到他如何把握和管理他那巨大的"王国"，以及如何推动这个"王国"不断前进。李嘉诚的回答简单而有力：依靠知识。他毫不犹豫地告诉年轻人：知识决定命运。

查理斯·佛洛斯特，本来是佛蒙特州的一个鞋匠，由于他每天都利用1个小时学习研究，后来竟然成了一位著名的数学家；约翰·韩特是个木匠，他利用自己的工作之余研究比较解剖学，每天晚上只睡4个小时，最终成为比较解剖学的权威学者；忙碌的银行家约翰·拉布史爵士，在休闲的时候努力研究，而成为著名的史前学家；乔治·史蒂芬森在夜间值班的时候，努力钻研，结果发明了火车头；詹姆斯·瓦特一面靠制造工具为生，一面研究化学和数学，结果发明了蒸汽机……

倘若他们都对现状感到满足而停止学习也便没有后来的发明和成就，那么这对社会来说将是多么大的损失。倘若安于现状，只是为领取薪水而不再学习，那么，在当今这个竞争激烈的社会中，这种人是很难获得成功的。

实际上，一些成功的人并非天生就有某种能力，他们同样需要学习技术，获得能够加强其才能的知识；即便有些人的运气很好，以前就有了这种才能，可是为了跟上时代的潮流、适应社会的发展，仍需要继续研究与学习。

养成终生学习的好习惯

身为现代人，要想适应变幻莫测的社会，就必须要养成终生读书、学习的好习惯。看看那些年过古稀、学识渊博的老学者，即使已经老眼昏花，仍然念叨着"活到老，学到老"。再反观那些年轻力壮、精力过剩的青年人，他们大把地挥霍着有限的青春，却还不知道学习的紧迫性，着实令人惋惜。

社会上的各界人士，比如商业界、运输界、制造界，都曾告诉我们，他们最需要、最欢迎的年轻人，就是那些有选择书本的能力以及善用书本的人。耶鲁大学的校长海特莱曾说过："这种选择书本、善用书本的能力，最好是在家庭中养成。"

假如你很贫困，你可以在吃饭、穿衣上节俭，但千万不要在购买书籍上节约成本。花钱学习，你可能会暂时贫穷；为了省钱而不学习，你却要受一辈子穷——包括财富上和精神上。

中国有句古话说得好："士别三日，当刮目相看。"前任哈佛大学校长爱略特曾说过："如果人能养成每天读10分钟书的习惯，那120年之后，他的知识程度，前后对比将会判若两人，只要他所读的都是好的书籍，也就是大众所公认的世界名著，不管是小说、诗歌、历史、传记或其他种类。"

第六节　疏通人脉，职场就是场假面舞会

在巨人的肩膀上，更容易摘到"果实"

生活在这个世界上，谁也不可能孤独地生活。小的时候，有父母及亲人；上学以后，有老师和同学；工作以后有同事和朋友。但是不论你与谁在一起交往，都需要把握一定的尺度，这里主要说的是如何在职场中与人相处。

如果职场的人际关系不畅通，就好比走进了一个荆棘林中，处处受到阻碍，甚至没有足够的呼吸空间。

一位哲人曾经说过："交换一个苹果，每人各得一个苹果，交换一种思想，每人至少得到两种思想。"一加一大于二，这就是借助团队产生的力量。在专业化分工越来越明细、竞争日益激烈的今天，依靠一个人的力量是无法面对千头万绪的工作的。一个人可以依靠自己的能力获得一定的成就，可是假如将自己的能力与别人的能力结合起

来，就会更加高效率地完成工作，获得更大的成就。

"好风凭借力，送我上青云"，依靠他人的力量通常能够做到自己做不到的事情。每个人的成功都不是侥幸得来的，都有着必然的理由。而在这些理由中，很重要的一条就是，成功者有时会站在巨人的肩膀上，有一大批的成功人士在帮助他。

的确，一个人在事业上能够取得成就，离不开自身的不懈努力。可是，成功人士的帮助，也是不可缺少的一个重要的因素。实际上，不论你现在所从事的事业多大，也不论你本身多么聪慧，甚至你具备了所有优越的条件，但假如没有成功人士的帮助，你要想取得成功也不是那么容易的事情。纵观古今中外，很多人之所以能够取得成功，是因为他们紧紧跟在成功人士的后面。比尔·盖茨之所以会获得成功，也是因为他在创业的初期得到了一位名叫斯蒂文·扎布斯的成功人士的帮助。实际上，这样的案例还有很多。

汉斯从哈佛大学毕业之后，进入一家企业做财务工作，尽管薪水不错，也很体面，但汉斯却无法从工作中找到乐趣和成就感。因为他不喜欢枯燥、单调、乏味的财务工作，他真正的兴趣在于投资，他更想做投资基金的经理人。

汉斯为了调节自己的状态，就出去旅行。在飞机上，汉斯看到邻座的一位先生手中正拿着一本有关投资基金方面的书籍，于是就与他攀谈起来，双方很自然地就转入了有关投资的话题。汉斯觉得特别开心，总算可以痛快地谈论自己感兴趣的话题了。因此就把自己的观念以及现在的职业与理想都告诉了这位先生。而这位先生也静静地听着汉斯滔滔不绝的谈话。时间过得飞快，飞机很快到达了目的地。临分手的时候，这位先生给了汉斯一张名片，并告诉汉斯，他欢迎汉斯随时给他打电话。

出于礼貌，汉斯接下了那张名片，但也并没有在意，毕竟，对方看上去只是一个再普通不过的中年人。

后来回到家里，汉斯整理物品的时候发现了那张名片，仔细一看，汉斯大吃一惊，飞机上邻座的先生居然是著名的投资基金管理人！自己居然与著名的投资基金管理人谈了两个小时的话，而他竟然又给自己留下了名片。此时的汉斯毫不犹豫，马上提起行李，飞往纽约。一年之后，汉斯成为一名优秀的投资基金经理人。

汉斯的成功告诉我们，要善于抓住成功的机会，不要错过你身边的每一个成功者。

假如你也想获得和他们一样的成功，那就走近这些成功人士，并主动结交他们，然后从他们身上学习经验、品质、精神等，并虚心听取他们的建议。与成功者交往，你会觉得心情豁然开朗，耳目一新，成功的大门也就会慢慢向你敞开。

牛顿曾经说过："如果说我比别人看得更远些，那是因为我站在了巨人的肩上。"事实上，成功也是有捷径可寻的，站在巨人的肩膀上就是捷径的一种。只不过牛顿眼中的巨人是哥白尼、开普勒、伽利略等科学先知，而我们这里所说的巨人则是你身边众多的朋友、同

智慧与人生——聪明人生的方向

学、工作中的同事，甚至是一个毫不相干的陌生人……

我们说站在巨人的肩膀上，并不仅仅是希望获得他们的帮助，同时，也可以从他们的身上学习到更多的经验，更重要的是为自己以后的成功积累人脉。

李嘉诚有句名言是这样的："二十岁靠体力赚钱，三十岁靠脑力赚钱，四十岁以后则靠交情赚钱。"交情就是人脉，人脉是巨大的无形财富，而我们所说的人脉，既可以是获得巨人成绩的成功者，又可以是我们身边那些在各自领域有所成就的人。

与同事相处需做到以下几点

△要注重对同事的尊重与诚实

有的人喜欢在领导面前说同事的缺点，搬弄是非，甚至依靠打击同事来抬高自己。他们和同事闲聊着所谓的"热门话题"时，是依靠嘲笑别人的缺点和不足来获得同事的亲近。但是时间长了，这种员工就无法在职场中立足了。要注意言行的一致，诚实无欺。既不要拉帮结派，也不要弄虚作假。保持领导的威信和同事的尊严，得到同事的尊重获得大家的信任，避免产生猜疑。

△做到谦虚谨慎

与人相处，人们最讨厌的莫过于被别人在私下里讨论和抱怨。可是反过来看，别人既然讨论你，就说明自己有被别人议论的把柄，或是自己不够小心谨慎，或是工作不到位。所以，不要因为自己一点点的进步就变得骄傲自大，也不要因为小有所获就到处炫耀。

△要对同事谦让有加

把经手的每一件事情都做得有模有样，尽量不让别人议长论短。如果确实做得不好，那是自己的能力还不够，就应尽量多向同事们学习、解释，来获取互相理解，避免产生嫉妒和仇恨，甚至导致心理上的隔阂。

△在工作上与同事相互支持和配合

无论是领导交付任务，还是同事提出的需要配合的项目，都要采取"立即就办"的态度，能立即完成的，绝不推脱或拖延。这样做，不但让同事感到你对这件事的重视，还会认为这是你对他个人的尊重。同时因为你的支持，同事完成工作后往往会产生一种心理上的喜悦，从而增进与你的友谊。

第 6 章
充满思想的劳动——学习的智慧

　　一个人的实力绝大部分来自学习。本领需要学习，机智与灵活反应也需要学习。健康的身心源自于学会了健康的生活方式，特别是健康的心理活动模式。人生会面对许多困惑、许多挫折、许多选择，当你面临选择的痛苦的时候，你可以去学习，用学习和思想抚慰你的焦虑情绪，缓解你的痛苦，启迪你的智慧，寻找你要的答案。

第一节　书山有路勤为径

勤奋，是每个成功人士的基本素养

　　记得有一位哲人曾说过："世界上能登上金字塔的生物有两种：一种是鹰，一种是蜗牛。不管是天资奇佳的鹰，还是资质平庸的蜗牛，能登上塔尖，极目四望，俯视万里，都离不开两个字——勤奋。"一个人的上进和成才，环境、机遇等外界的因素固然重要，可是更重要的还是依靠自身的勤奋和努力。缺乏勤奋的精神，哪怕是天资奇佳的雄鹰也只能空振羽翼，望而兴叹。有了勤奋的精神，哪怕是行动迟缓的蜗牛也能雄踞塔顶，观千山暮雪，望万里层云。

　　明朝著名散文家、学者宋濂自幼好学，不但学识渊博，而且写得一手好文章，被明太祖朱元璋赞誉为"开国文臣之首"。宋濂酷爱读书，遇到不明白的地方总要刨根问底。有一次，宋濂为了搞清楚一个问题，冒雪行走数十里，去请教已经不收学生的梦吉老师，但老师并不在家。宋濂并不气馁，而是在几天后再次拜访老师，但老师并没有接见他。因为天冷，宋濂和同伴都被冻得够呛，宋濂的脚趾都被冻伤了。当宋濂第三次独自拜访的时候，掉入了雪坑中，幸好被人救起。当宋濂几乎晕倒在老师家门口的时候，老师被他的诚心感动，耐心解答了宋濂的问题。后来，宋濂为了求得更多的学问，不畏艰辛困苦，拜访了很多老师，最终成为闻名遐迩的散文家。

一个聪慧的人假如懒惰起来，也将是一事无成。"书山有路勤为径，学海无涯苦作舟"这一诗句就说明了一个人勤奋的重要性。多思考，多学习，日积月累，慢慢便会变成一个聪慧的人，逐渐能够举一反三，提高悟性，人的聪明无非是先天的天赋，或者是后天的培养。只有勤奋，不断发掘大脑的潜能，成功才会越来越近。

不要担心浪费汗水

在世界历史上，有无数的文学家为了成功，勤奋学习，潜心钻研。世界文学巨匠高尔基的借蜡读书就是一个例子。这位伟大的苏联无产阶级作家——高尔基，早年过着四处流浪的生活。他在一家商店学徒时，干完活便躲在物品储藏室里读书。没有蜡烛照明，他就把老板烛盘上的蜡油收集起来，做灯夜读。他读了很多国家的古典文学名著和进步报刊，从中吸收了宝贵的经验，最终得以写出了《海燕》《母亲》等传世之作。

西汉时期，有个农民的孩子，叫匡衡。他小时候很喜欢读书，可是因为家里贫困，没钱上学。后来，他跟一个亲戚学认字，才有了看书的能力。

匡衡买不起书，只好借书来读。那个时候，书是非常珍贵的，有书的人不肯轻易借给别人。匡衡就在农忙的时节，给有钱的人家打短工，不要工钱，只求人家能够借书给他看。

过了几年，匡衡长大了，成了家里的主要劳动力。他一天到晚在地里干活，只有中午休息的时候，才有时间看一点书，所以一卷书常常要十天半月才能够读完。匡衡很着急，心里想：白天种庄稼，没有时间看书，我可以多利用一些晚上的时间来看书。可是匡衡家里很穷，买不起点灯的油，怎么办呢？

有一天晚上，匡衡躺在床上背白天读过的书。背着背着，突然看到东边的墙壁上透过来一线亮光。他霍地站起来，走到墙壁边一看，啊！原来从壁缝里透过来的是邻居的灯光。于是，匡衡想了一个办法：他拿了一把小刀，把墙缝挖大了一些。这样，透过来的光亮也大了，他就凑着透进来的灯光，读起书来。这就是凿壁偷光的故事。

正所谓"书山有路勤为径，学海无涯苦作舟"，在现代社会里，作为青少年，学习就是我们的首要任务，更应该以"勤"为"径"，在知识的海洋里遨游。珍惜每一分每一秒，勤学习、勤积累、勤思考、勤质疑、勤钻研、努力朝着成功冲刺。学习的过程就像是登山，历经艰苦跋涉方得片刻小憩，回味过程的曲折和体验阶段胜利的欣慰是对攀登者最大的鼓励。

学习除了"勤"，还需要"苦"。在学海中遨游，必定要通过"苦作舟"，方能行驶到成功的彼岸。人虽然有天资的差别，可是一个人学业成功与否、成就大小则在很大程度上取决于其刻苦的程度深浅。就让我们与勤奋和刻苦为伴，在知识的海洋里泛起一簇簇灿烂的浪花。

　　诸葛亮年少的时候,从师于水镜先生司马徽,诸葛亮学习刻苦,勤于动脑,不但得到司马徽赏识,就连司马徽的妻子对他也很看重,喜欢这个勤奋好学,善于用脑的少年。那时,还没有钟表,计时用日晷,要是遇到阴雨天没有太阳,时间就不好掌握了。为了计时,司马徽训练公鸡按时鸣叫,办法就是定时喂食。为了学到更多的东西,诸葛亮想让先生把讲课的时间延长一些,但先生总是以鸡鸣叫为准,于是诸葛亮想:若把公鸡鸣叫的时间延长,先生讲课的时间也就延长了。于是他上学时就带些粮食装在口袋里,估计鸡快叫的时候,就喂它一点粮食,鸡一吃饱就不叫了。

　　过了一些时候,司马先生感到奇怪,为什么鸡不按时叫了呢?经过细心观察,发现诸葛亮在鸡快叫时给鸡喂食。先生开始很恼怒,但不久还是被诸葛亮的好学精神打动,对他更关心,更器重,对他的教育也就更毫无保留了。而诸葛亮也就更勤奋了。诸葛亮通过自己的努力,终于成为上知天文、下识地理的一代饱学之人。

　　"宝剑锋从磨砺出,梅花香自苦寒来。"只要踏踏实实一步一步地坚持下去,付出的努力必然会有收获。

　　语言大师侯宝林只上过三年小学,由于他勤奋好学,终于成为著名的相声表演艺术家。有一次，他想买一部明代的笑话书《谑浪》，跑遍北京城的旧书摊也未能买到。后来，他得知北京图书馆有这部书。时值冬日，他顶风冒雪，连续十八天跑到图书馆去抄书。一部十多万字的书，终于被他抄录到手。

据说闻一多读书成瘾，一看就"醉"。在他结婚那天，家里张灯结彩，热闹非凡，亲朋好友都来登门贺喜。当迎亲的花轿快到家门时，却找不到新郎了。急得大家东寻西找，结果在书房里找到了他。只见他仍穿着旧袍，全神贯注地在读书。

我们青少年承载着建设社会主义祖国的使命，任重而道远。发展中国这道跨世纪的方程，需要我们来求解。祖国需要我们早日成才，社会需要我们早日成才。既然成才的航船需要以勤劳为风帆，就让我们扬起勤奋之帆，去乘风破浪吧！

第二节　兴趣让学习有趣起来

兴趣是什么

兴趣是学习的动力。学习没有兴趣，就没有动力，自然就没有学习的效率。

缺少兴趣的学生，学习通常缺乏积极性和主动性。有关专家调查发现，学生如果对某一门功课不感兴趣，那他这门课的成绩一般都不会很好。不仅如此，缺少兴趣的学生，通常也缺少持之以恒的力量和坚持不懈的毅力。

学习兴趣是一个人求知的起点，是创新精神的原动力。大科学家爱因斯坦曾说过："兴趣是最好的老师。"由此可见，只有同学们对学习产生了极大的兴趣，才会积极主动地去探索知识。

兴趣，是指人们对一定的事物或是活动带有积极情感色彩的内在倾向性。人的倾向性有两种：一种是外在的倾向性，它主要与人的无意注意相联系，是由外界刺激引起的；另一种是内在的倾向性，它是由于人对某种事物或是活动所形成的肯定的态度，产生了积极的情感而导致的。当人们力求认识某种事物，渴望从事某种活动，并从中获得心理上的满足感时，就对这项活动产生了兴趣。

根据兴趣的指向性，兴趣又可分为直接兴趣和间接兴趣。直接兴趣是指由事物或活动本身引起的兴趣。只有把直接兴趣和间接兴趣相结合，才能让自己对学习产生积极性和主动性，这可是提升学习效率的必要条件。

假如同学们缺乏直接兴趣，就会感到学习枯燥无味；缺少间接兴趣，就很难保持长久的学习。所以，只有把直接兴趣和间接兴趣相结合，才能让自己更快地掌握所学的知识。

兴趣的力量是巨大的

兴趣，是人存在和发展的内在的重要动力。它既有"引起"的动力作用，又有"维持"的动力作用。

"兴趣"是我们对自己所从事的学习的爱好，是一种神奇而又巨大的能量。古往今来，凡是在某个方面取得突出成绩的人，有一个非常重要的共同点，就是都对某种事物产生了浓厚的"兴趣"。

学习要有成效，就需要有浓厚的学习兴趣，兴趣是学习的内在动力，有了这个动力，就会产生强烈的求知欲望，就会有战胜困难一往无前的精神。难怪著名物理学家杨振宁先生这样说："成功的真正秘诀是兴趣。"

兴趣的产生是十分微妙的。往往是由于环境影响、家庭熏陶而产生的，可是，更多人的兴趣是自发的。例如，同一父母养育的几个孩子，他们的家庭环境和受教育程度大都相同，可是爱好和兴趣却完全不一样，这种例子在生活中很多很多。

只有对学习有浓厚的兴趣，才会产生强烈的学习欲望，才会如饥似渴、认认真真地去读书学习，全身心地投入，聚精会神地研究，时时刻刻地去思考，才能不断地进步，不断地取得成功。即使遇到困难、挫折，也能以顽强的毅力去克服。总之，浓厚的学习兴趣是学习成功的重要心理品质。相反，如果一个人对任何事物都不感兴趣，那么他必将成为一个庸人。

激发和培养自己的学习兴趣

学习兴趣对人的认识和学习活动有非常重要的意义，兴趣是学习动机中最实际和最活跃的因素，它可以推进人们积极地获得知识，易于集中智力和精力，让工作和学习效率高，不易产生疲倦。

勤于思考并保持对学习的好奇心。时常思考并解决问题，就能够体验到成就感，就会对经过思考而发现答案感到兴奋，就会感受到智慧的力量，从而感受到学习的乐趣。

在学习的过程中产生兴趣。只有对学习产生了乐趣，才能更好地学习。学习兴趣与掌握知识是相辅相成的。学习兴趣可以促进学习效率，与此同时，掌握了一定知识的同时又可以增强学习的兴趣。

理论上的认知不等于在实践中就会操作，操作过程中有许多细节必须认识，必须掌握。通过操作，既可检验自己对所学知识掌握的程度，又可使学过的知识得到巩固。总之，只要肯动脑筋就会对某些东西产生浓厚的兴趣。

兴趣是学习的内在动力，只有不断地发现兴趣、创造兴趣、培养兴趣，才会越学越有兴趣。

一个人既要有广泛的兴趣爱好，又要有中心兴趣；既能保持兴趣的稳定性，又能发挥其功效，这是每个学习者应具备的品质。

第三节　心无杂念提高记忆力

你的记忆力是否真的如此差劲

对大部分人来说，他们真正想提高的是声音的记忆能力。因为在考试的时候，声音记忆用得最多，可是它的记忆效率却比较低，这是最令人烦恼的。

如果考试的方式是放一部电影，然后让大家将主要内容回忆出来，那么，估计大部分人都不会存在记忆效率的烦恼。

可是现在的考试，通常就是考那些比较抽象的、需要用声音记忆的而又比较难记住的东西。所以，那些对自己的记忆力比较烦恼、希望提高记忆力的人，他们实际上是希望能够提升自己的声音记忆能力。

不过，很遗憾的是，一个人的声音记忆能力，从出生开始到学龄前的那段时间是最好的——因为那段时间我们需要运用声音记忆来学习母语。大概可以说，一个人的声音记忆能力，在出生时是最好的，然后慢慢走下坡路，越来越差。这个是自然规律，我们无法违背。

提高记忆力的方法

那么，有没有什么方法，能够让我们在长大之后，将声音记忆的能力训练得特别棒，不论什么东西，读个几遍就能轻松记住，而且过目不忘呢？到底有没有能帮助我们提高声音记忆能力的方法呢？

在声音记忆随着年龄而不断下降的自然规律下，还希望能提高声音记忆的能力，这就像我们随着年龄增长一天天变老而渴望返老还童一样。不过，值得庆幸的是，这样的方法还是有的。

对于成人而言，要训练出这样的记忆能力，需要每天参禅打坐，历经十数年或是数十年的努力，达到了一定的境界，也许才能够做到。一般人想要提高记忆力，无非是为了应付考试，估计是不愿意花这么多功夫的，因为即使数十年之后真的能做到"过耳能诵"的神奇记忆，那个时候也早就不需要应付考试了。

对于心性比较单纯、右脑想象力还比较旺盛的孩子们，特别是上小学以前的孩子来说，可以通过训练他们右脑的清晰的想象力，从而有效地提高他们的整体记忆能力。可是，不论如何，声音记忆的能力总会随着年龄的增长而衰退，即便小学阶段能训练得比较好，到了初高中以后，随着右脑清晰想象力的减退，记忆力也难免会随之减退，因此也不是长久之计。

看来，我们只能另辟蹊径了。从低效率的声音记忆，转变为高效率的图像记忆，这就是提升记忆力的真正秘诀！为了能够更加牢固地记住所学的知识，这大概是绝大多数人学习记忆方法的主要目的。可是，假如我们仔细分析的话，"更快更牢地记住所学知识"这句话里面，包含了两层含义：一个是"更快更牢"，这是关于记忆效率或是记忆能力的；另一个是"记住所学知识"，这是关于知识积累的。

不要过分依靠死记硬背

那么现在我要进一步问了：到底是提高记忆力比较重要，还是积累更多知识比较重要？

如果说记忆方法是一个工具的话，那么这个工具的最有效的作用，应当是为了帮助我们积累更多的知识——而不仅仅是为了更有效地积累知识！

"更有效"与"更多"的区别是：假如我们掌握了记忆方法，记忆效率大大地提高了，可是，我们却没有运用这个特别的工具，来尽可能地记住更多知识的话，那么，这个工具的作用就被大大降低了！

实际上，现在许多学习记忆方法或是传播记忆方法的人们，通常是满足于甚至陶醉于"更有效"之中，却忽视了"更多"的重要性！

学习记忆方法的人群，主要有以下这两类：第一类是以应付考试为主要目的的人群，例如学生、白领。第二类是以传播记忆方法为主要目的的人群，例如记忆讲师、学校里的任课老师。

对于第一类人群，他们学习记忆方法的主要目的或者主要的动力，是为了应对考试、提高考试成绩。如果有一天不需要考试了，他们还会继续使用记忆方法吗？估计大部分人是不会了。

对于第二类人群，他们自己本身也许并不需要应对考试，而是希望在了解了这些方法之后，能够更好地传授给别人。假如是专业从事记忆领域的讲师，为了吸引学员报名的关系，可能还需要记一些无规律数字、长篇、甚至英语词典这样的资料，以便在做记忆演示的时候使用。

由此可见，大家学习记忆的方法，基本上都是将它当作一个应付考试或是应付工作的工具而已。只注重了更有效地学习知识，却没有注重更进一步地运用记忆方法来积累更多的知识！

第四节　科学的心态为学习减压

不要让心里的魔鬼压倒你

很多常年带毕业班的一线教师，对于学生们面对的巨大压力有着最直观的认识。一位老师在谈到"考试发挥"问题时概括道："大考中，如中考、高考，发挥失常者不在少数，而超水平发挥者却不多。"发挥失常，这显然是由于心理压力过大导致的。

在高中三年，每个同学都面临着巨大的压力，这些压力以不同的方式侵袭着大家，一旦应对不好，就会带来巨大的负面影响，比如感到疲劳、紧张、焦虑、自卑……不论是哪一种压力，总的来说主要分为两类：

首先是内在压力。这种压力是由于同学们自己的心理期望值所决定的。对自己的期望越高，面临的压力也就越大。

其次是来自外界的压力。外部压力很大一部分来自于家长、老师和同学。每个家长都期望自己的子女能考出好成绩，每一个老师也都希望自己的学生是最优秀的，这在无形之中会给孩子造成巨大的心理压力。这时候同学们心里考虑的，或许已经不是"知识的掌握程度"这些问题了，更多担心的则是"学不好怎么向父母交代""怎么对得起老师""其他同学会怎样看我"等问题。这些想得越多，心里也就越焦虑，学习时也就越容易患得患失，最后导致与好成绩擦肩而过。

心理学家告诉我们，适当的压力能够成为我们前行的动力，压力和绩效二者呈正比。但是当压力超过一定的限度时，压力越大，效果反而越差，二者的关系便成反比了。

那么，有没有什么好办法，能够帮助我们保持最合理最正常的学习压力呢？

学习目标不要设得太高

心态调整的第一步：不要给自己设太高的目标。

给自己设立过高的目标，只会给自己装上沉重的枷锁。轻易许诺对自己的备考心态影响非常大。你会经常想：诺言实现不了会怎么办？于是乎，失败的阴影就悄然来临，患得患失的心情最不利于专心学习，心灵上的沉重负担甚至可能影响你的正常发挥。在考场上碰到一道难题难免就会浮想联翩：落榜了怎么办？怎么向父母交代呢？心理上已经被击溃的人，很难在现实中不被打败。

但是，不设立预期目标，并不意味着没有目标。有一位同学是这样做的：

以具体的计划取代预期的目标。不去想上什么学校，而是考虑这个月该完成哪些计划，今天晚上该看哪些书。当你的注意力都放在"脚踏实地地干好每一件事"上时，就没有时间胡思乱想了，也就不会有过大的心理负担了。

正确对待父母和老师的关心

实际上，在考前给考生压力的并不是考生自己，而是来自于考生的父母。这是中国特殊的国情，很少有人能够幸免。

那么，我们在家里就可以故意对父母冷淡了吗？当然不行，我们需要做的，是把他们无意中带来的压力转变为学习的动力，而不是让其成为心理的负担。

找准自己的位置

看清自己永远是最难但也是最重要的一件事。尤其在高三这一特殊的阶段，找准自己的位置，之后再确立一个适合自己的目标，这个很重要，但它很容易被大家忽略。期待自己在高考中能超常发挥，或是一次考试失利后就产生否定自己的想法，这些都是没有找准自己位置的表现，都是因为将自己的位置摆得太高或者太低了。有目标的人会是最快乐的，如果连自己的位置都没有找准的话，确立目标就无从谈起，也许就会在不断怀疑自己的过程中度过高三一年的光阴，那该是一件多么痛苦的事。

第五节　科学的计划提高学习效率

找到科学的学习方法

著名的数学家华罗庚曾说过："凡是较有成就的人，毫无例外地都是利用时间的能手，也就是决心在大量时间中投入大量的劳动的人。"

在现实生活中，总会有些同学埋怨学习的科目太多，一个人的时间和精力有限，所以没有那么多的时间去学习。实际上，只要学会做个高效率的学习者，就能够以最快的速度、最短的时间学会所要学的东西。

要想成为一个高效能的学习者，必须要学会高效率地运作时间，科学地利用时间，将每一天都掌握在自己的手中，让你的每一分钟都生成效益，这样才能创造学业的成功，进而铸就人生的辉煌。

先做最重要的事

如钻头一样锲而不舍的战略是解决问题的好办法。钻头为什么能在短暂的时间里钻透厚厚的墙壁或是坚硬的岩石呢？这个问题在物理学中经常见到，其原理是：将同样的力量集中于一点，单位压强就大，而集中在一个平面上，单位压强就会减小无数倍。我们在学习中也要分清轻重缓急，分清主次，先做最重要的事情。倘若要追求十全十美，就有可能拘泥于小事而无法完成大事，结果通常就是抓住了芝麻而弄丢了西瓜。所以，青少年在学习的时候务必要先弄清什么事才是最重要的。

必须重视时间管理

我们身处一个生活节奏快速的社会，每个人都感到异常忙碌。事实上，这背后有三种忙碌现象：不会管理自己时间的忙碌，这些青少年经常会感觉时间不够用，甚至忙得发疯；已经学会应付与取舍的忙碌；假装忙碌，因为我们现在几乎是把忙碌与成功、空闲和失败联系到一起了。所以，有的同学认为只要忙碌起来学习，就有可能会获得成功，于是他们就整天忙个不停，但实际上效果并不是很理想。

有的同学在学习的时候总是贪多，总想一下子将所有的内容都学会，这种贪婪的做法，很容易适得其反。

实际上，每个学生都追求完美，每个学生都希望自己学习成绩优秀。假如我们在学习时分不清轻重缓急，学习就会变得杂乱无章，因而很有可能错过大好的机会。这正是很多同学都在勤勤恳恳地学习，可是效果却不一样的原因。有些同学缺少洞悉事物轻重缓急的能力，学习时毫无计划，这对我们的学习是十分不利的。

李伟在学习中就总是犯这样的错误。老师留下作业后，其他同学总是当天将老师讲的内容看一遍，背背重要的定义、公式再做，而他却忙着打开作业本。结果中间总是被卡住，这时才知道把书翻到前面去看，这样总是翻来翻去，做作业的速度当然很慢了。因此，他总是第一个打开作业本，最后一个合上作业本。

从李伟同学身上我们可以看到，如果学习时不能分清主次，就会大大降低学习效率。

利用好自己的时间

有些同学常常埋怨时间不够用，其实那是因为他们不会管理自己的时间，他们通常将"紧急事情"当作"重要事情"来做。例如老师留了作业，回家后，不去复习老师上课所讲的内容，而是忙着去做作业，结果耗费了很长的时间。实际上，假如你先做重要的事情，将老师课堂上讲的内容复习一遍，然后再去做作业，将会大大地减少做作业的时间，学习效率也就会提高了。

要想管理好自己的时间，首先要弄清楚什么事是必须要去做的，这是时间管理的第一个关键问题。时间管理的错误做法基本上都可以归纳为，将时间花在了那些不是必须要做的事情或是不重要的事情上。所以，我们应该先找出最重要的一件事去做。

先做重要的事还在于，它可以让我们避免误入"嗜急成瘾"的陷阱。我们的事情可以分为紧急的与不紧急的，重要的与不重要的，依此类推我们又可以将面临的事情分成四类：重要且紧急；重要不紧急；不重要紧急；不重要不紧急。人们习惯先做最紧急的事情，可是这么做会耽误一些重要的事情。

所以，同学们应该学会合理地管理时间，下面介绍两种管理时间的方法。

1．手边的事情并不一定是最重要的事情

每天晚上写出你明天要做的事情，然后依据事情的重要性进行排列：第二天先做最重要的事情，不必去顾及其他的事情。第一件事做完以后，再做第二件，依此类推。等到了晚上，假如你列出的事情没有做完也没有关系，因为你已经将最重要的事情全部做完了，剩下的事情明天再做也可以。

2．回过头来"查缺补漏"

各门学科都有自己的知识体系，同学们唯有从小扎扎实实地打好基础，一步一步地将每一个知识点都把握好、落实好，才能将这张知识网络编织得完整而牢固。如果有的知识节点没有掌握好，那么你的这张"知识网"就会出现漏洞，在"捕鱼"的时候，"鱼儿"就会从这个漏洞中钻出去，漏洞越多，"鱼儿"跑得也就越多，你的分数也就会逐渐下降。

所以，假如你的知识体系不慎出现了漏洞，你要"亡羊补牢"，及时将漏洞补上。可是该怎样补漏洞呢？为每个学科准备一个"错题本"——专门用来收集整理自己在平时学习、测验、考试中遇到的不会做的难题以及做错的题目。这些题目就是你知识上的漏洞，你一定要重视它们，想办法把它们搞懂。

温故而知新的重要性

为了能将知识上的空缺补充上，不断地重复也是一个有效的办法。就拿记忆来说，有关专家研究证明，要真正地记住新的知识和信息，一般人需要重复七遍以上才能够永久地记住。同样的道理，对于一道错题，也需要不断重复地去做，认真地分析出错的原因，直到完全将它弄明白、钻研透为止。千万不要认为老师讲过一遍，自己听懂了就认为自己会了。重复的次数越多，时间越长，效果就会越好。任何知识、任何信息假如没有深入到一个人的潜意识中，是不会影响人的行为的。

要想做好"查缺补漏"的工作，青少年们一定要做好下面几件事情：

1．为各门学科预备一个笔记本，把从开学至今所有出错的题目都摘抄在"错题本"上，一道一道地重复着去做，凡是做对了的，就做好标记。

2．对于做不出来的错题，先看答案，记住解题的思路，并且每隔一段时间再回过头来重新做，如果做对了，就再做好标记。

3．最后集中精神去攻克剩下的难题。

这样下去，我们就不再有不会做的题目了，学习成绩也一定会有明显的提高。因此，"查缺补漏"的工作是一件特别重要的事情，同学们应该抽出一定的时间来完成这项工作。

要想做到先做最重要的事，首先要了解什么是最重要的事情。做事一定要分清轻重缓急，勇于舍弃一些无关紧要的小事，这是高效学习的一个妙招。有所不为才能有所为，这是成功者们的共识。

抓住学习的黄金时间

学会合理地运用时间，依据大脑活动的特点和规律，把握好用脑的"黄金时间"，学会用脑，在大脑活动功能最好的时间内学习，可以达到最佳的学习效果。

在不同的时间里，一个人的学习能力，包括记忆力、注意力、想象力以及逻辑思维能力等，并不是一成不变的，这就要求我们每一位同学首先要熟悉自己一天当中的身心状况，何时最佳，何时最差，何时最适宜做些什么。依据个人的性格、心情和生物钟，根据各类事物的特点学习、工作、娱乐或做其他事情，从而找出自己每天学习的黄金时间，对学习做出最合理的安排和选择。

学习时间安排的原则

做任何一件事情都有着一定的规则，制定一份时间安排表也不例外，一定要学会科学合理地安排自己的学习时间。

人的智力通常分为高潮期和低潮期两个周期，高潮期时头脑清醒，逻辑思维能力强，因而学习效率高；低潮期则反应迟缓，不利于学习。

我们可以把以上这些研究成果运用到学习时间的安排中去，以便每一小时、每一分钟都变成富有成效的时间。在学习时间安排上，我们应遵循以下几条原则：

1. 尽量把学习时间安排在智力周期的高潮期。

2. 按照事情的重要性重新排出先后顺序。

3. 保证充足的睡眠时间。对学生来说，每天至少应该有8小时的睡眠。

4．不要把时间安排得太紧凑。

5．费时的事情要提前做。

掌握"星期周期"，科学地安排一周的学习时间，不但每天当中有学习的周期，在一周中，也同样有学习的"星期周期"。

专家研究表明，每周二为学习及工作效率最高的一天，而周一，则因为休假"余波"的影响，情绪最低落，身体最疲惫，因而学习效率也是最低的。周二过去后，人的情绪、工作和学习效率也慢慢下降，等到周五稍微有所回升，即所谓"最后努力冲刺日"，但也没有周二的效果好。

我们可以依据"星期周期"这一现象，把学习进行适当的安排调整。例如把自己最不感兴趣的学科安排在效率高的周二或周三；对于自己感兴趣的学科，因为有兴趣，即使安排在效率较低的其他几天，学习效果也不会很差。

在学习中，每门学科都能让人的头脑产生不同的反应及不同程度的思考活动，因为人与人之间存在着差异，每位同学都有自己感兴趣的学科和不感兴趣的科目。所以，在制订学习计划时，最好不要把两门以上令你头疼的学科安排在一起。而且，要尽可能地把这些科目的学习时间安排在头脑最清醒、思维最活跃的时刻，这样才能让学习效率大大增加。

当然，我们也不能为了提高学习效率而操之过急，给自己安排的学习内容太多，甚至远远超过老师的进度，这样有时反而会降低学习效率。这就好像小孩用黏土捏泥人，希望它快点变干，便把它放在太阳下晒或在火炉旁烤，结果却适得其反，泥人不是裂了缝，就是断了手脚，甚至会缩成一团，失去原有的形状。这说明，无论做什么事情，都不能背离客观或主观的条件一味求快。

深圳某中学学生李红，初中毕业后，只用了3个月的时间，就在教师的指导下，自学了高中阶段的主要课程，最终以优异的成绩考入了北大。

我们看看李红是怎样利用时间的，她说："提高时间利用效率的诀窍有两个，一是集中精力，二是合理安排时间。所谓集中精力，就是学习时要非常专心，把注意力全部放在学习知识、钻研问题上，而将其他无关的东西抛到脑后。至于合理安排时间，我是这样做的：

每天早午饭前，我都要背背公式，想想定理，把中心问题、章节要点看看；上午一般看教科书、参考书；下午做题，到四五点钟时，找点综合性的、难度较大的题做。累了，就看看其他科目的书，换换脑筋。晚上，再看书。3个月中前一段，我是该学习就学习，该玩就玩，该看电视就看电视，该锻炼身体就锻炼身体，精力充沛，记忆力好，学习效果好；后一段，全天从早到晚学习，效果并不比前段好，因为精神疲劳，不集中。因此，我认为合理地掌握最佳学习时间，安排学习、休息、娱乐、锻炼对学习太重要了。"

从李红身上我们可以看出，依据自身的实际情况，把握学习的最佳时间，合理分配时间，做到劳逸结合是可以创造奇迹的。

在学习能力最高的时候，选择适当的学习内容，通常可以收到意想不到的学习效果。脑子最清醒的时候适宜从事最艰难的学习，钻研比较晦涩的问题；脑子较为疲乏的时候则适宜做轻松的工作或其他事情。

第六节　用错题本来提升学习质量

对待错题，要有充分的掌控力

学习的过程就是发现问题、解决问题的过程，所以，学生在学习的过程中出现错误不要怕。可怕的是学习中出现了错误，却采取一种漠然无视的态度，这样的学习态度就很难提高效率。很多有经验的老师也都这么认为。

在做题的过程中，同学们要养成一种良好的习惯：从错题中总结出经验和规律。虽然说学习的知识点一定要通过做习题来把握，但这并不意味着盲目做题，而是要有针对性地做习题。大量的习题能够帮助你发现自己的错误，有针对性地对错题进行滚动式的重复练习，最终避免再犯类似错误。这才是最好的、一劳永逸的办法。

曾经的辽宁省高考文科状元孙宇在谈到高考经验时强调，不要放过每一道错题，要认真分析出错的原因。

在做错题时，一旦找出错误，首先要做的就是找出错误的原因。应当尽量减少因为马虎而造成的错题，粗心大意是一种不良的学习习惯，大家一定要去克服。一般做错题都是有一定原因的，例如说由于某个知识点没有把握牢，或者说某个方法还没有灵活地运用。根据出错的原因，接下来要做的就是找出配套的练习题，进行滚动式的练习，将所有和错题相关的题多做几遍，直到完全掌握了这种做题的技巧，包括它的出题方式和答题的方法，这个错题才算是真正被攻破了。

由此可见，做错题并不可怕，可怕的是刻意逃避它，不去钻研它。所以，大家要以认真的态度面对错题，从错误中寻找原因，总结经验教训。孙宇同学还举了这样一个例子：

例如，教材介绍过的三余弦定理，书上有一些推导的过程，结论就是一个角的余弦值等于另外两个角余弦值的乘积。刚开始学的时候觉得这个方法自己已经掌握，但是后来在做题中发现，自己还是会有失误，原因是自己没有灵活掌握。通过大量做题，我发现老师在出这方面题的时候，提问方式特别有意思，题目经常会问你某一个角的余弦值是多少，我做了很多道题都是这样。于是，我就总结出了一个规律，在综合卷子中，一旦某道题最后一个问题问的是某一个角的余弦值是多少，我马上会想到三余弦定理。这样的话，相当于这类题在设问的时候就已经向你提示解题的方法了。

以上是孙宇同学用自己的亲身经历总结归纳出来的经验，他告诉了我们一种行之有效的学习方法，那就是：通过错题的分析方法能够总结出出题规律和答题的方法。当然，这一点经验之谈不但在学习数学时有用，在学习其他科目上也都大有裨益。

梳理也是学习的一大环节

别忽视错题本这个方法，小小的错题本效用可是很大的。把平时在练习中做错的题都记录在错题本上，整理每一道习题，包括题目、错误的答案、正确的答案和错误的原因，有必要的话还可以对正确的思路进行一些归纳和总结，这将是大家学习中的精华之精华。

有一次，老师让我们背错题本上不太熟悉的内容。有一位同学没有带，小马就主动地借给了他，然后就和后桌一起背。不一会儿，那个同学过来了，说："这是对牛弹什么啊？""啊，我竟然把琴丢了。"立即将琴补上，却鬼使神差地写成对牛弹牛了，又立即改正。

"又过了一会儿，小马背到"琥珀为什么在海滩上找到"中时把"琥珀被海水卷到岸边"背成了"琥珀被龙卷风卷到岸边"，把后桌逗得哈哈大笑。

小马开始严肃起来，总算没有再背错，可是，那个同学又来了，原来小马将"黑发不知勤学早，白首方悔读书迟"写成了"黑发不知勤学草，白首方恨读书迟"，将大家逗得都前仰后合。小马接着背，终于背完了。这时，他又来了，这次小马又将"绮丽清秀"写成了"奇丽清秀"。

一个错题本上竟然有这么多错误，小马竟然没发现。假如将错题本换成一台机器，那么机器运行后会产生多么严重的后果呀。从这件事中小马体会到了无论做什么事情都要像孔子一样，有一丝不苟、谦逊、精益求精的态度。只有这样才能把事情做到最好。在以后的学习中要养成良好的习惯，坚持做到每次写完作业后认真检查，读一读，有错字及时改正，有不好的段落，要认真推敲仔细修改。坚决把错误消灭在萌芽中。

　　明确了"错题本"的效用和重要性，相信许多同学都会有立刻准备一本"错题本"的冲动。先别着急，咱们先试着了解一下，假如准备好了"错题本"，又该如何加以利用呢？我们不妨听听有经验的同学是怎么说的：

　　1.经常阅读。"错题本"不是将做错的习题记录下来就完了，同学们要经常在空闲的时间或是准备下一次考试的时候，拿出错题本浏览一下，对错题不妨再做一遍，这样就能让每一道题都发挥出最大的功效，在今后遇到同类习题的时候，就会立刻回想起曾经犯过的错误，从而避免再犯同类的错误。做到同一道题不错两次、同一类题不错两次，从而在错题中得到更深刻的启迪。

　　2.考前集中看，加深印象。考前拿出错题本将平时自己容易犯的典型错误集中地浏览一遍，这样就能以最佳的状态备考。假如平时只是将错题标注在试卷上，复习时随手翻看试卷，这种方法看起来节省时间，可是拿着一大沓试卷翻看错误，注意力就会被分散，复习的效果也就会大打折扣。

3.加强交流，取长补短。不同的同学整理的错题一般不同，总结反省的深度、广度也存在着差异。同学们在课后可以互相看对方的错题本，通过交流，可以从别人的错误中汲取教训，受到启发，以警示自己不犯类似的错误，相互取长补短，这样一定会受益匪浅。

俗话说得好，吃一堑，长一智。同学们如果能够从所做的错题中得到启发，从而不再犯类似的错误，那么成绩就能有较大的提高。研究表明，假如学生能够为各科都建立错题本，并且能够持之以恒地利用错题本，学生的高考平均成绩最少会提高20分。

搜集编写"错题档案"是一个持续性的学习过程，要求大家用心，有毅力，持之以恒。随着学习的深入，大家会发现"错题本"将是你所拥有的一笔宝贵财富。

一个好的"错题本"就是自己知识漏洞的宝典，培养建立错题本的学习习惯对学习是非常有帮助的，通过这些错题的经验积累，学习成绩自然会上一个台阶。所以，我们每个人都要有一个属于自己的错题本。

活页装订和错题本"起名"

根据自己的风格，把"错题集"编好页码，进行装订，因为每页不固定，所以每次查阅的时候还可以及时更换或是补充。在整理错题集的时候，一定要持之以恒，不能像为了完成差事一样而搞花架子，不要在乎整理耗费时间的多少，要对错误的知识点进行完全归纳与总结。虽然工作程序复杂，但其作用绝不仅仅是明白了一道错题是怎样求解这么简单，更重要的是要通过整理错题集，把握一些重要的知识点，避免在将来的学习中再犯类似的错误，真正做到"吃一堑，长一智"。

另外，我们可以发挥自己的创造力和想象力，依据个人错题档案的特点给错题本拟上一个响亮的名字，比如：精华本（数学）、珍藏本（语文）、点滴集（英语）、我的"劣"迹、百宝箱、补漏题典、典藏本……并认真写下为自己打气加油的话语，比如："我相信我可以更好！""奋斗每一天，今天一定要比昨天的收获大！""笨鸟先飞，用自己的恒心、一颗执着的心走自己想好的路！"这样每个人都将会拥有一本属于自己的独一无二的错题本，每次拿出来复习的时候也会特别有成就感。

从"错题本"中筛出自己的"金子"

错题本上的题目，在反复看过后，确实已经彻底掌握了知识点，就可以在题号前或题号后做个标记，再看的时候可以略过这些做了标记的题目，以免耽误时间。

例如，在数学复习的时候，"错题本"就是你最重要的复习资料，最初复习时一定要多回头看，要充分利用，定期翻看。时间间隔自己决定，可以是一周，也可以两周或是一个月。复习的时候，完全理解的题可一带而过，还没有明白的题则做上标记，要及时请教老师或是同学，作为以后复习的重点。长此以往，可以进行二轮、三轮甚至多次的"筛选"，直到这些题目你完全掌握。以后考试时你就会发现自己进步明显。

每位同学的"错题集"不尽相同，其他同学"错题集"中的优点是可以借鉴的，所以同学们平时也要注意相互之间的交流。

　　或许有很多同学会说，这些错误就让它放在卷子上不也一样吗，以后看卷子就可以了。实际上，这是一个关于统计的问题。在现实生活中，统计的效用是相当显著的。当我们将错误汇总在一起的时候，就很容易看出其中的规律，特别是当我们对错误进行了总结之后。例如，我们把数学错题本上的问题总览一下，很容易就会发现，一遇到数形结合的问题，自己就容易出错，那么，我们在这部分的基础知识上就需要下点儿功夫！正如爱默生所说："每一种挫折或不利的突变，都带着同样或较大的有利的种子。"

第 7 章

民族进步的灵魂——创新的智慧

　　路是靠自己走出来的，跟着别人的脚步永远走不到最前头，只有具备超前意识才能走出属于自己的一片天地。模仿别人的东西迟早会被社会被大众淘汰，只有加强创新意识才能有出路！创新精神是一种勇于突破原有认识和做法的强烈意识。有了创新精神，才有创新行为，进而获得创新能力。在学校中具备主动学习的精神，独立获取知识的能力、创造性学习的能力、创造性思维的能力。走出校门后，成为社会主动的富有创造精神的建设者。

第一节　拓宽思路找方法

不要束缚自己的思维

思路，就是解决问题的思维方式和途径。门路，则是做事的秘诀，现在多用来说能达到个人或是小集团目的的途径。很明显，是将心思和精力用在拓宽思路上还是放到寻找门路上，体现了两种不同的人生态度和工作方式。

人们常说，思想是行动的导航，思路决定出路。这就说明，良好的思路对于开展工作、推进事业具有至关重要的作用。我国古人强调，做任何事都要事先有思路、有谋划，否则就没有胜算，最终将导致失败。

《孙子兵法》说："多算胜，少算不胜，而况于无算乎。"《礼记·中庸》说："凡事预则立，不预则废。"毛泽东同志也曾明确指出："领导者的责任，归结起来，主要的是出主意、用干部两件事。"这里所说的"出主意"，就是出思路、想办法。无数的事例表明，思路正确，干工作就会得心应手、事半功倍。思路不清，做事情就会劳而无功、一无所获。

头脑唯有处于时刻生生不息的运动之中，才能战胜思维的拥堵，维持和提高思维的流畅性。通过有意识、有目的的训练，可以让思路开阔，纵横驰骋，左右逢源。日常生活中，我们可以通过构想某一物体尽可能多的用途来训练自己，开阔思路。

例如在两分钟内尽量多地写出纸的用途、汽车的用途、煤的用途、土的用途等等。当你在思考每一种东西的多种用途时，就是在尽力扩展你的思维，不断加入思考的角度和思路的数量。长此以往，你就会形成从开阔的视野上去把握自己的思维能力。而且当你了解到别人列举出了你所未曾想到的用途时，无疑会给你某种开阔性的启迪，于是不知不觉中，你便掌握了开阔思路的新技法。

拓宽思路才是王道

大脑越用越聪明，唯有坚持随时进行有意识的训练和练习，思路才会越来越开阔，在生活中的选择余地就会大幅增加，就等于拓宽了成功之路。

假如你希望有一大堆主意，你就要学会慢点批评。"绞脑汁"会议就是一个很好的方法。例如十个到十二个人对一个特定的问题尽可能提出解决方法，越多越好。一个人的思想会激发另一个人的思维，以至于一次主持有方的简短"绞脑汁"，可以产生数量惊人的绝妙主意。一项严格的规则就是必须暂停一切批评，不许讥笑别人的主意。

比如，一群人面临的问题是：一枚水雷已经逼近一艘驱逐舰，近得来不及发动引擎躲避，请问有什么办法可以挽救驱逐舰？大伙在提出一大堆建议之后，有人开玩笑说："让大家到甲板上去，合力把水雷吹走。"这个显然不切实际的建议引得另一与会者说："搬水管来冲，把它冲走。"实际上，这就是某次战争中一艘驱逐舰真的碰到这种窘境时船员采用的办法。

智慧与人生——聪明人生的方向

　　相比较而言，中规中矩的现象至少是容易或者是说更容易在一些小的组织群体中出现。在一个只有10位员工的小组中与一个上千人的组织中改变一种已经根深蒂固的行为模式具有同样的重要性，它们最大的区别就在于小群体会将更多的注意力放在出现的偏差上。在一个小城镇里人们在约束一个与众不同的异端人士时所花费的精力比一个大城市要多得多。同样的道理，与一个庞大的企业相比，在一个只有十几个人的小企业里中规中矩会更加引人注目，原因也许会是在一个上万人的群体中人们的容忍度会比只有几十人的小群体的容忍度更为博大一些。

　　可是，事实似乎是循规蹈矩这种现象在大企业里更加引人注意，而且企业里都有一种广泛流行的观点：企业中存在着一种固定的模式，任何一个希望得到提升、得到发展的人必须遵守这些固定的模式。什么样的行为方式、什么样的衣着打扮、什么样的政治观点，所有这些你必须同大家保持严格的一致。有一些流行的杂志甚至不停地向人们灌输这样奇怪的思想，说所有企业主管的妻子都是经过严格挑选的，作为这些人能否被提升的一个参考标准。一大批的小说、电影和电视剧里面也都曾经有过类似的论调。

不要过分在意约定俗成

　　强调习惯和习俗中一些无关紧要的因素或者是强调各种职能特征，只会让事实变得更加模糊不清，而事实提出的挑战却没有任何不合逻辑的枝枝节节。反应迅速、管理有序的组织会充分意识到这种将个体工埋没的紧密相关的危险。组织内取得的进步与这个团队中个体所具有的行为上的思想自由是成正比的。

任何组织内不会存在一种固有的倾向，会将鼓励充分发挥个体才华的大门紧紧关闭。相反地，组织规模越大，就会越积极地让自己内部对个体的鼓励和承认的渠道开得越大，让这些渠道越发地通畅。

处于组织里的人会被慢慢地埋没、会有强烈的挫败感，或者被忽视。有时候会受到不公正的待遇，有时会遭到侮辱，有时别人对他的承诺会突然变成了空头支票。作为一个领导者，一个重要责任就是确保这一切不要发生，确保每一个人的才华和潜力都不会被埋没。

综上所述，解决的方法就是一定要眼界宽、思路宽、胸襟宽，唯有这样我们才能登高望远，审时度势，掌控大局，谋划未来。眼界宽，意味着我们一定要加强学习，拓宽视野。要真正理解科学发展观的全面内涵，认清形势，充分发挥把关的服务作用。眼界宽，有利于知大局、明大势、识大体，有利于找准定位，发挥职能管理作用；思路宽，意味着我们一定要审时度势，观念创新。面对国内国际形势的变化，需要我们始终坚持不进则退的危机感，需要我们与时俱进，需要我们树立大局观、全局观，不断拓宽自己的观念和思路。思路宽，我们才能比较准确地把握宏观形势的变化，顺势而为，才能积极正确地面对各种困难，找出解决困难的办法和措施，才能有备无患，立于不败之地。胸襟宽，意味着我们必须有看大势、想大局、做大事的胸怀和气度。当今世界，犹豫观望，拖拖拉拉，只能被淘汰出局。奋进图强，锐意进取，才会有广阔的生存空间——这就是当前的时代大势。

第二节　充分发挥创造力

不要限制自己的才能

美国最成功的广告人之一S·肯尼迪说："近20年来，我做专业演讲师，每年都可以获得几万美元的报酬。但我小时候却结巴得厉害，我很害羞（其实到现在还是，我不善于与他人相处）。当我刚开始演讲时，我浑身不对劲，极不舒服。我早期录制的演讲磁带，有的听起来十分糟糕，如果现在能在市场上发现的话，我会把它们都买回来。我现在大部分时间靠写书维持生计，出版过6本书。我自己出版的书籍、使用手册、课程等等，远销世界各地，每年赚钱超过百万元。每年大概有成千上万的人平均掏出199元订我的刊物。可是我还记得，当年我在学校里的写作成绩得的却是C，新闻学成绩是B。我在中学时，语文老师建议我将来做个管道工人，后来也有人给过我类似的建议。我大概只能同意到这种地步，曾经我真的很怀疑我有写作的天赋，所以我绝对可以靠写作赚点儿钱。我想，所谓的'天赋'这种想法和问题根本不相关，才华究竟是遗传得来的还是后天培养而成的，这一问题的争论也不相干。如果你受限在某一领域中，哪怕你真的没有天赋，但只要你肯干，还是有补救的机会。"

所谓的创造力是指产生的新思维、发现和创造新事物的能力。具体来说，运用已经积累的知识和经验，进行科学的加工和分析，从而产生新观念、新知识和新思想的能力。新颖和独特性是创造力的根本特点。人有抽象思维、运用语言的能力，才能够进行创造性的思考，而动物则不具有抽象的思维，缺少语言能力，当然，也就不可能进行创造性思维。所以，创造力是人类独有的属性。

创造力不是一种个别的心理活动，而是一系列连续的高水平的复杂的心理活动，这些心理活动囊括了在现实中发现和提出问题，并从已知的信息库中选择和提取出有用的信息，然后把这些被提取出来的信息，进行新的连接和组合，这些环节，无不体现了一个人的创造性思维，也就是创造力产生的心理过程。而另一个重要的特点——独创性，是指能够表达出超出常人的见解，用独特的方法解决问题，用新奇的方式处理事件，成果别具一格。与此同时，敢于标新立异、特立独行，敢于对现实世界中的常规持有怀疑的态度，也是创造力产生的源泉。

假如你很想在某个领域出人头地，又恰好在该领域具有"天赋"，那就太值得可喜可贺了。无论你身处哪种情况之下，你决心要做的事情，十有八九都能实现。

坚信自己能够做到

许多人固执地认为，各行各业的成功人士都是天生那块材料，一生下来就注定将来要吃那碗饭的。他们的这种观点严重约束了自己的抉择，不知失去了多少自我发展的可能性。

的确，世上真有一些人，他们生来就漂亮，注定成为照相机的宠儿，因而当了成功的模特儿或演员。有人生来就具有运动天赋，例如迈克尔·乔丹及艾密特·史密斯。然而，我们心目中的"天生赢家"未必真的是"天生的赢家"，原因有两个：

第一，他们数量太少、太罕见、太不符合常理。第二，他们也要努力工作，并努力运用天赋，把天赋变为优势。

大多数的成功人士无论在各自的领域里表现多么卓越，看起来多么轻松自如，但他们绝对不是天生就如此优秀的。

假如你很想做某件事，却有人告诉你缺乏这方面的天赋，你不一定要信以为真，不妨放开手脚去拼一把。你对自己天赋及能力的看法、别人对你的天赋及能力的意见等等过去的一切，都可能会影响你的前途，你不应该任由这一切主宰你，应该自己决定未来，把握未来。

每个人都应该去找出并发现自己能比别人做得好的领域。比如，有人想做一名企业家，那么你就要先找到自己具备的优秀物质，再然后为这个想法储备能量，锻炼自己，要让自己有远见、有抱负、不怕挫折，忍受孤独寂寞等等，要学习的有很多，只有比别人做得都好，你在这个领域才有可能成功。

有数不胜数的人，在还没有弄明白自己到底喜不喜欢某一行时，就急于培养自己在某方面成功的技能和特质。许多年轻人常常会问："哪些机会抢手，做哪一行好？"其实你应该问自己的是："对我来讲，做哪一行最好？"更要弄清楚自己想要什么。明确自己的目标后，不断为之努力奋斗，同时一定要坚信自己可以做得很好。

罗素说："我发现，如果我要写一篇题目比较难的文章，最好的计划是努力加以思索——尽我一切可能努力思索，用几个小时或者几天，最后再让工作转入潜在状态。几个月之后，再有意识地回到这个题目，发现工作已经完成了。在发现这个技巧之前，通常因为毫无进展而连续几个月都忧心忡忡。解决问题并不能依靠忧虑，那几个月的时间等于白费。现在我可以将这几个月用在其他的追求上了。"

最重要的是，他一定要有解决问题的热情。可是，在他确定了问题之后，他就要在自己的想象中得到预期的结果，而且尽可能地收集一切信息和事实。这时，多余的纠结、焦躁和操心不仅无济于事，反而可能阻碍问题的解决。

著名的法国科学家费尔说，实际上，他的一切有益的想法都是自己没有积极考虑问题的时候产生的。而且，当代科学家的成功与发现，也可以说都是在他们离开工作岗位的间隙完成的。例如，托马斯·A·爱迪生在一个问题上困惑时，总是先躺下来打一个瞌睡，而不是一味地硬钻下去。达尔文也曾经说过，有一次，他苦苦冥想了好几个月，也没有整理好《物种起源》中需要表述的一些想法。突然，有一种直觉在脑海掠过，"我现在还记得我坐在马车里赶路所经过的那个地点，当时答案一下子出现在脑子里，使我高兴极了"。

我们通常错误地以为，这种"下意识思维活动"仅仅体现在作家、发明家与"创造性工作者"身上。实际上，我们大家都是创造者，无论是厨房里的家庭主妇、学校师生、推销员还是企业家，都具有同样的"成功机制"，用以解决个人的问题。你内在的成功机制在产生"创造性行为"和"创造性观念"方面也发挥着同样的作用。有意识的努力会抑制或是阻碍你的自动创造性机制。有些人在社交场合因自我意识过强而感到局促不安，就是因为他们过于有意识地、过于焦急地想做出正确的事。他们过分注意自己的一举一动。每个动作都是"考虑好的"，每一句话都是经过再三权衡之后才说出来的。我们说这种人是"被抑制的人"，这句话一点也不错。可是更为准确的说法应该是，那个人没有"被抑制"，而是他"抑制"了自己的创造性机制。如果这些人能够"放得开"，不做作，不操心，对自己的言行举止不多加研究，他们就能有创造性地、自发地行动。

第三节　多问几个为什么

我国古代有"学起于思，思源于疑"的说法，它深刻地揭示了疑、思、学三者的关系。问题是学生思考的起点和动力，一个或是一连串精彩绝伦的提问，通常可以激发学生探究知识的欲望。

做一个善问者

大卫·克雷斯韦尔在他的《投资者的黄金法则》一书中为人们提出了一系列建议，这些建议真可谓无价之宝。他说："不要害怕提出问题，因为钱是你的，你有权知道它们的去向。适当询问一下你的财务顾问，检查一下他有没有完全为你的利益着想。"你可以这么问："为什么这项投资适合我呢？我的投资有可能遭受损失吗？"你完全有理由要求你的财务顾问定期以书面形式给你提交一份资产报告。此外，假如有不明白的地方，你可以要求财务咨询公司进行解释。克雷斯韦尔说："就一直这么问下去，直到你完全了解，对答案彻底满意为止。"

诺贝尔物理奖获得者李政道教授曾说过："学问，就是学习问问题。但是在学校里学习一般是让学生学答，学习如何回答别人已经解决了的问题。"爱因斯坦也曾经说过："提出一个问题比解决一个问题更重要，因为有问题，才会有思考，有了思考才有可能找到解决问题的方法和途径。"

苏霍姆林斯基说过："在人的心灵深处，都有一种根深蒂固的需要，那就是希望自己是一个发现者、研究者、探索者，而在儿童的世界里，这种需要更加强烈。"

也有人曾说过："好问的人，只做了五分钟的愚人；耻于发问的人，终身为愚人。"从现在开始，保持打破砂锅问到底的精神，在不远的将来，你一定会收获属于自己的辉煌！

安德鲁·杰克逊是美国历史上第一位平民出身的总统。在英美第二次战争中，他坚韧不拔，成为举国闻名的英雄。

杰克逊纪念大厦是美国的标志性建筑之一，为了预防外墙受到腐蚀，政府采取了很多措施，花了不少钱，但仍无改善。政府非常头痛，为此请来了几个专家。

经专家调查发现，外墙受腐蚀的主要原因是墙壁每日被冲洗。

为什么要每日冲洗呢？因为大厦周围聚集了很多的燕子，大厦每天会被大量的鸟粪弄脏。

为什么燕子喜欢聚集在这里？因为大厦上有燕子最爱吃

的——蜘蛛。

为什么这里的蜘蛛多呢？因为墙上有蜘蛛最喜欢的飞虫。

为什么这里的飞虫多呢？因为飞虫在这里繁殖得快。

为什么飞虫喜欢在这里繁殖？因为这里的尘埃最适合飞虫繁殖。

为什么这里的尘埃最适合飞虫繁殖？其实这里的尘埃也没有什么特别的地方，只是它配合了从窗外照进来的充足的阳光，温暖的阳光特别刺激了飞虫的繁殖欲望。

大量的飞虫聚集在这里超常繁殖，于是为蜘蛛提供了超常的美餐；蜘蛛的超常聚集又引来燕子的聚集和流连；燕子吃饱了就尽情地在大厦上方便；于是为了防止这些鸟粪对大厦的腐蚀，每日都需要清洗大厦。那么如何驱逐这些燕子以彻底清除这些鸟粪，从而防止外墙受到腐蚀呢？

答案很简单——拉上窗帘。

寓言启示：要解决问题，首先要找出问题的症结所在，不能头疼就医头，脚疼就医脚。许多看似复杂的问题一旦经过抽丝剥茧找出问题的根源所在后，解决问题的方法往往是简单的。

伽利略在比萨大学读书期间，就非常好奇，也经常提出一些问题，比如"行星为什么不沿着直线前进"。有的老师嫌他问题太多了，可他从不在乎，该问还问。

有一次，伽利略得知数学家利奇来比萨游历，他就准备了许多问题去请教利奇。这一次可好了，老师诲人不倦，学生就没完没了地问。正是这种精神，伽利略很快就学会了关于平面几何、立体几何等方面的知识，并且深入地掌握阿基米德关于杠杆、浮体比重等的理论。

终于，伽利略成了意大利伟大的物理学家、天文学家。他从实验中总结出自由落体定律、惯性定律和伽利略相对性原理等。

美籍中国物理学家、诺贝尔奖获得者李政道先生说得好："打开一切科学的钥匙毫无疑问是问号。"因此，要想在学业上学有所成，一定要有好奇之心，善问之意。

"问"在人类生活中是不可或缺的，学习要有进取心，努力、勤奋固然重要，可是也要讲究方法，不仅要"学"，而且要"问"。这样一结合，成绩才能够得到提高。

"问"的优势

要"问"，必须知道"问"有什么优势。

问，可解疑。当你不会做这道题的时候，你可以问你的老师，问你的同学，问清楚了，疑惑自然就迎刃而解了。当年，爱迪生也是不耻下问，才能发明出许多的东西，才成为著名的大发明家。

问，可知新。很多时候，一道题有很多种解法，你可以选择一种，但知道更多的方法不是更好吗？掌握更多的解题方法，就可以灵活运用，解题也会更快。

"问"是重要的。那怎样的"问"才是好的呢？

学问学问，就是边学边问，那样才有效果。"问"不可以不加思索地问，问之前要深思熟虑，真的做不出了才问。问时，要谦虚，更要在适当的时候问，不打扰他人工作、休息。问，还要有打破砂锅问到底的信念，有些人问，问了一遍，似懂非懂，就再不问了。做学问是不能这样的，懂就是懂，不懂就是不懂，不能不懂装懂，问一次不够就问第二次，直到懂了为止。

问，是让人进步的必要条件，只有多问，才能得到更多的知识，才能登上成功的彼岸。"问"这个字眼，自古以来便一直伴随着我们。王充曾经说过："不学不成，不问不知。"可见"问"能使我们对事情理解得更加明白、透彻，进而使我们在某一方面更上一层楼。

不耻下问，为你迈向成功进一步提供动力。春秋时代，孔子被人们尊为"圣人"，他有弟子三千，大家都向他请教学问。孔子学问渊博，可是仍虚心向别人求教。有一次，他到太庙去祭祖。一进太庙，他就觉得新奇，向别人问这问那。有人笑道："孔子学问出众，为什么还要问？"孔子听了说："每事必问，有什么不好？"孔圣人的才华和学问自不用多说，他尚且还需要询问别人，更何况你我。所以，放下架子不耻下问，勤学好问，只有这样你才能取得更大的成功。

第四节　照葫芦画瓢毫无新意

鲁迅先生曾说过："这世上本没有路，走的人多了，也便成了路。"走出第一条路的人是伟大的，因为他解开了所有人都没有解开的结，敢于打破常规，踏出一条路来。于是衍生了康庄大道，人类方受益无穷。创新首先要敢于打破常规。爱因斯坦曾有言："创新是知识进化的源泉，推动着人类社会的进步……"

创新是思维开拓的源泉

人们往往只有经历长久的探索，才会踏上成功的道路，可是没有执着探索精神的人是到不了成功路口的。

日本著名水泥大王浅田一郎，年轻时与同伴两手空空来东京闯天下，四处漂泊，一无所获。而且，他们惊讶地发现，人们在水龙头上接凉水喝都要付费。同伴都觉得没法待下去，纷纷回家了。只有浅田慢慢地改变自己消极心理适应了新环境，也开始了创业。

放弃是智慧，转变打破常规更是智慧，也是创新。许多时候人们都习惯于墨守成规，保守地处理问题，可是当你打破常规的时候，眼前也许便是柳暗花明又一村。

一家大化妆品公司发生一起空肥皂盒事件，公司接到一位顾客投诉，说他买的一盒肥皂是空的。于是公司马上停止生产，查找肥皂是在哪一环节遗失的。经理要求工程师解决这个问题，很快工程师设计了一个配备高分辨率监视器的X光设备，它需要两个人监控通过生产线的肥皂盒。同样是这个问题，一家很小的化妆品公司只将一台大功率风扇摆在生产线旁，装肥皂的盒子逐一在风扇前通过，只要有空盒便会被吹离生产线，轻轻松松便解决了问题。

用尽心思是努力，换种方式是创新。善于思考、敢于打破常规本身就是一种成功。在所有人都沿袭同一条路时，你另辟蹊径，独辟视角，或许就会获得非凡成就。

要敢于打破常规思维

飞鸟激荡天空，追逐一个绮丽的梦；游鱼搏击巨浪，挑起一盏勇敢的灯；我们逐于社会，演绎一幕精彩的剧。

假如你选择了白雪皑皑，你便会受到纯洁的洗礼；假如你选择了璀璨的群星，你便会受到光明的迎接；假如你选择了敢于打破思维定式，你便会受到成功的青睐。正是因为亚历山大打破了常规的思维定式，才解开了预言家设下的十分难解的结。所以，我们做任何的事情时，要学会敢于打破常规的思维定式。这样，或许便会更容易取得成功。敢于打破思维定式，可以为我们解开思想的枷锁，给我们的思维提供动力，让我们出其不意地取得成功。

赛场上，保加利亚队和另一支球队正在进行激烈的比赛。时间仅剩下几秒钟，目前保加利亚队领先2分，可是根据比赛规则，保加利亚队还需要再夺得1分，领先对方3分才能获胜，不然就算输。这个时候，保加利亚队队长做了一个令人吃惊的举动，朝对方的篮筐里投了一个2分球，结果两队打成了平局。后来，两队又进行了一场球赛，结果保加利亚队取得了胜利。

如果不是因为保加利亚队队长敢于打破常规的思维定式，或许他们就不会取得比赛的最终胜利。所以，我们需要敢于打破常规的思维模式。敢于打破常规的思维定式可以使自己离梦想越来越近。

陈光标出生在一个贫困的家庭，他借钱成立了一个拆迁公司。后来，他发现拆旧是一座"富矿"，拆下的废旧钢材可以卖很多钱。

于是，他就开始回收这些废旧料，获得了丰厚的收益。正是因为陈光标敢于打破常规的思维定式，成立的拆迁公司卖废旧材料，才得以获得了丰厚的利润。所以，我们要学会敢于打破常规的思维定式。打破常规的思维定式，可以让一个人收获更多的生存机会。

俗话说："当局者迷，旁观者清"。身为局中人的你也可以作为旁观者，清楚对手目的，掌控全局，最终成为胜利者。想要成为胜利者，首先要敢于走出常规的思维定式。

母鹰将幼鹰丢下悬崖，这是一般人不敢想象的，因为虎毒不食子。然而就是因为如此才给幼鹰搏击长空的机会，翱翔蓝天的壮美。

"作茧自缚"通常是嘲笑那些给自己制造困难的人的专用名词，可是假如蚕不给自己制造坚硬的墙壁，又怎么能练就一双翅膀，怎能

让自己从以前的蠕动爬行蜕变为穿梭在自由天空的飞蛾。

营销学中有一个精彩的案例，就是将梳子卖给了和尚。梳子当然是用来梳头发的，可是和尚没有头发，怎么会买梳子呢？许多推销梳子的人都被这个思维定式难住了，心里都打了退堂鼓。可是甲、乙、丙三个人却都完成这看似不可能的任务。

甲仅卖出了1把梳子，乙则卖出了10把梳子，而丙竟然卖出了1000把梳子。他们（尤其是丙）成功的秘诀是什么呢？甲说，他一连跑了六座寺院，受到了无数和尚的臭骂和追打，凭借他的不屈不挠，终于感动了一个小和尚，于是买了1把梳子。

乙说，他去了一座名山古寺，因为山高风大，将前来进香的善男信女的头发都吹乱了。乙便找到住持，说："蓬头垢面对佛祖是不敬的，应在每座香案前摆一木梳，供善男信女来梳头。"住持认为有理。那庙里共有10座香案。于是住持买下10把梳子。

丙来到一座颇负盛名、香火极旺的深山宝刹，对那里的方丈说："凡来进香者，都有一颗虔诚之心，宝刹应有回赠，保佑他们平安吉祥，鼓励他们多行善事。我有一批梳子，您的书法超群，可刻上'积善梳'三个字，然后作为赠品送给进香者。"方丈听罢大喜，立刻买下1000把梳子。

在这个故事中，甲的执着固然令人感动，但乙和丙的智慧更令人敬佩。出色地完成任务不仅仅需要锲而不舍的精神，更需要创新的思维。

春秋战国时期的大军事家孙膑就是一个例子。大将军田忌和齐威王赛马时，就是因为孙膑善于观察，勇于打破常规，让大将军田忌调换了马的出场顺序，结果反败为胜。创新，可以让我们得到一个完全不一样的结果。只要你打破了常规，别人做不到的，你做到了，你的一生将永远改变。

人生道路上有很多选择，同样也伴随着太多的困难，需要我们身处当局的同时还要做一个旁观者，跳出惯常的思维，创造出超出常人的辉煌。走出去，就会看见胜利的曙光。

第五节　不断开拓就会有成果

马克思曾说过："蜜蜂建筑蜂房的本领使人类的许多建筑师感到惭愧。但是，最蹩脚的建筑师一开始就比最灵巧的蜜蜂高明的地方，是他在建筑蜂房以前就已经在自己的头脑中把它建成了。建筑师的图纸，就是他的超前思维。"

思维超前才能事事超前

每个人都要有自己的生活图纸。经常听到身边有人感慨"不知明天会怎样""前途茫茫，过一天算一天吧""看不到未来呀，路在何方"……凡此种种，都是因为我们缺少了对自己的展望，丢失了自己的生活图纸。

如何将命运掌握在自己的手里？如何做同行业的领跑者？同样是离开原来的公司，为什么有些人就是倒霉地被企业辞退，沮丧地离开，有些人却是令人羡慕地被猎头以高薪挖走？还有些人，更是主动辞职，愉快地哼着歌儿开创自己的事业去了。这些人之间的差距到底在哪里？就在于是否具有超前思维。

耗子都怕被猫抓到，只要猫一出现，耗子便会四散逃脱，偏偏有只耗子不逃跑，反而还冒险地跟在猫的屁股后面，研究猫是如何运动的。许多耗子都骂它是个傻瓜，它说这是为了逃避猫的猎捕。

例子有真有假，有正有反，可是其中的真谛是我们再清楚不过的了，那便是在生活和工作中，思考问题要有超前的思维，洞察事物的发展规律，用发展的眼光看问题。思维超前了，就可以做到事事超前。

用超前思维去争取主动权

不论是政治家、军事家还是企业家，要想在现代社会中立足并有所作为，都需要掌握并运用超前思维去获得时间、争取主动权。通用电器公司董事长曾说过："我整天没有做几件事，但有一件做不完的工作，那就是规划未来。"对未来的规划和预见正是超前意识的核心所在。

下棋是个考验人谋略的运动。低手只能顾得了一两步，能手可以预知两三步，高手则能看出五步、七步乃至十几步。高手顾全大局，谋取大势，不以一子一地为重，而以最终赢棋为目标；低手则只顾着眼下，寸土必争，结果往往不尽如人意。人生就如下棋一样，我们不能总是光顾着眼前的蝇头小利，还需要考虑下一步该怎么走下去。特别是当现实生活的不如意让我们变得麻木的时候，我们更应该仔细想想，明天又是全新的一天，明天的我想做什么？未来的我想成为一个怎样的人？

就在一个星期天的上午，苏珊经历了一件特殊的事情，这件事给了她一次意外的震撼，让她开始重新思考人生。

那天，她正在卧室里打扫卫生，5岁的小女儿爱丽丝冲了进来，郑重其事地坐到她的旁边。

"妈咪，你长大以后想成为什么？"她问道。

苏珊的第一个反应就是：她又在玩什么想象力游戏了。所以，为了配合女儿，她假装认真地回答道："我想，当我长大以后，我想要做一个妈咪。"

"你不能这样说，因为你已经是妈咪了。再告诉我，你想成为什么？"爱丽丝紧逼着问道。

"噢，好吧，我想想……我长大后要成为一名会计师！"她再一次回答。

"妈咪，还不对！你本来就是会计师嘛！"

"对不起，宝贝儿。"苏珊说，"但是我真的不明白你在期望一个什么样的答案。"

"妈咪，你只要回答你长大后想成为什么就可以了。你可以是你想成为的任何人！"

智慧与人生——聪明人生的方向

苏珊愣住了，自己到底还能成为什么呢？她已经35岁，已经有了固定的职业，还有3个活泼可爱的孩子，有一个称职的丈夫，拥有硕士学位……对她来说，人生难道还能有什么其他的改变吗？

她调整了一下自己，然后用一种征询的语气问女儿："宝贝儿，你认为妈咪还能成为什么人？"

爱丽丝看着妈妈，十分肯定地告诉她说："你可以成为你希望成为的任何人！不过，这要由你自己决定。你可以成为一个宇航员，也可以成为一个钢琴家，或者成为一名好莱坞明星……总之，只要你愿意，什么都可以！"

苏珊非常感动——在女儿幼小的心灵中，妈妈还可以继续长大，还有许多机会去成为她想成为的人。在她眼里，未来永远不会结束，梦想永远都不过时。

那一次交谈过后，苏珊开始了全新的生活……她开始起早锻炼身体，开始把每晚看肥皂剧的时间变为"读10页有用的书"，她开始用新奇的眼光观察周围的一切。

她在改变自己，虽然表面上看起来她并没有什么变化，可是她的内心已经改变了，她时刻在为自己变成另一个新角色做准备。她有了理想和憧憬：我长大以后会成为什么？

勇敢地去"做梦"

要知道，我们到底能成为什么人，取决于我们想成为什么人。假如我们什么都不敢想，那就注定什么也不是。所以，我们要时刻想着未来，考虑如何规划自己的未来。

人生的际遇，我们无法预测，可是我们有能力将人生的轨迹导入到一条捷径之中。对于一只没有目标的船来说，任何方向来的风都是逆风。所以，我们不能让自己的人生白白浪费在无止境地思索该往哪里走的困境之中。用发展的眼光看待自己，让眼界超前行动一步，做一些恰当的预测和规划，你就会知道路在何方。

一所国际知名大学在30年以前曾对当时的在校学生做过一项调查，其内容是个人目标的设定和规划的情况。根据调查的数据显示，没有目标和规划的人有27%，目标和规划模糊的人有60%，短期目标和规划清晰的人有10%，长期目标和规划清晰的人只有3%。

在30年以后，哈佛大学再次找到了这些研究对象，并做了新一轮统计，结果显示，第一类人几乎都生活在社会的最底层，长期在失败的阴霾中挣扎；第二类人基本上都生活在社会的中下层，他们没有太大的理想和抱负，整天只知道为生存而忙忙碌碌；第三类人大多进入了白领阶层，他们生活在社会的中上层；只有第四类人，他们为了实现既定的目标，几十年如一日，努力拼搏、积极进取、坚忍不拔，最终成为百万富翁、行业领袖或精英人物。由此可见，30年前对人生的展望和规划情况决定了30年后的生活状况。

这就是超前思维的意义所在。用超前的思维看待自己，你将会发现一个更全面、更崭新的自我。为自己画一张图纸，为自己设定一些目标和规划，明天的规划，一周的规划，三个月的规划，甚至是三十年的规划。拥有了超前的思维，就拥有了前进的方向，就能鞭策自己不断向前。

第六节 出奇才能制胜

既然叫创新，就会有和常人大不一样的想法，有的甚至叫人惊诧不已。在餐馆的一旁捅一个洞——你想到过吗？你敢这么尝试吗？可是，这恰恰是麦当劳首家免下车餐馆诞生的故事。

出奇制胜的法宝

一个在美国某空军基地附近经营餐馆的麦当劳特许经营人，疑惑地发现，男女军人似乎都在抵制他的餐馆。后来他才明白，值勤或是身着制服时，他们是不能下汽车的。他的最大的潜在市场无法靠近他。他是怎么办的呢？是送饭菜上门吗？

不，他可没那么愚蠢。他只是在餐馆的一旁捅了一个洞，这样当兵的开车过来后，不必下车就可以买到吃的，自然而然的，营业额迅速剧增，麦当劳的首家免下车餐馆也就因此应运而生了。这主意不错吧？的确是不错，简直是绝了——你试着想一想，我们全球各地的餐馆中足有一半提供免下车服务。

这种免下车餐馆为麦当劳增加了大量的营业额。特别是对快餐业来说，其本身就是满足现代人生活节奏快、工作时间紧的需要，这种免下车服务就更好地适应了这样的需求，为赶着上班的人又节省了一些时间。所以要敢于有不同于常人的想法，只要你的创意结合了自身特点，就能够出奇制胜。

一般来说，创意因为独具匠心，会和一般人的观念不一样，所以，你要大胆说出你的创意，与合作者讨论其实施的可行性，特别是当你还是一位不起眼的员工时，就更需要勇气。一旦你的创意成功，将完全改变你的命运。

独具匠心才能与众不同

在一个世界级的牙膏公司里，总裁神采奕奕地盯着会议桌上所有的业务主管。为了让目前已接近饱和的牙膏销售量能够再加速增长，总裁不惜重金悬赏。只要能够提出足以令销售总量增加的具体方案，那么这名业务主管便可以获得高达10万美元的奖金。

所有业务主管无不苦思冥想，在会议桌上提出各式各样的点子，例如加强广告、更换包装、铺设更多销售点，甚至于造谣攻击对手，几乎到了无所不用的地步。而这些陆续被提出来的方案，显然不被总裁认可。

在会议凝重的气氛当中，一位进到会议室为众人加咖啡的小姐，无意间听到讨论的议题，不由得放下手中的咖啡壶，在大伙儿沉思更佳方案的肃穆中，怯生生地问道："我可以提出我的看法吗？"

总裁瞪了她一眼，没好气地说道："可以，不过你得保证你所说的，会令我产生兴趣，不然你最好不要讲。"

这位小姐无声地笑了笑："我想，每个人在清晨赶着上班时，匆忙挤出的牙膏长度早已固定成习惯。所以，只要我们把牙膏管的出口加大一点，大约比原口径多个40%，那挤出来的牙膏就比原来多了一倍。这样，原本每个月用一条牙膏的家庭，是不是或许会多用一条牙膏呢？诸位不妨算算看。"

总裁细想了一会儿，率先鼓掌，会议室中立刻响起了一片掌声。

一个新奇而简单的主意，竟然起到了意想不到的好效果，怪不得有人说："创新即创意。"在你思考问题的时候，也不妨多加几个巧妙的转变。当你清楚自己的创意有益时，一定要大胆说出来。

创意不是随随便便出现的。一般人的创意，大都潜伏在脑海的深处，不太容易被发觉，所以，一定要有意识地激发你的创意，并为创意的出现做好准备。

一项在1985年发表的调查报告认为，创造力与智力是两种相对独立的能力，智商高的人创造力未必就强。可是专注于艺术创作，或是致力于创造新科技、新思潮的人，都认为创意和智能是密不可分的。而另一项研究也表明，一般人会认为拥有创造力的人，分析能力和意志力也很高。创造力强的人，懂得分辨多种思想和事物的异同，而且善于整理旧理论，不断地推陈出新。在做判断时，他们会衡量各种处事方式的利与弊，然后果断地做出判断。

另外，他们进取心强，干劲儿十足，肯为自己的理想付出艰辛的努力。在一般人的心目中，创造力充沛的人是不会拘泥于世俗约束的。他们敢于质疑约定俗成的规范，而且懂得欣赏和创造新思想、新事物。

所以说，创造力不是一种浪漫的、凡人不可高攀的、与智能和毅力毫不相干的能力。正相反，它是一种扎根于生活，可以用来达到个人目标的能力。创造能力高的人固然拥有破旧立新的素质，可是这些素质仍需要依赖个人的知识、智慧和意志力做药引、做燃料，才能提炼出创新的成果。